Sammlung Göschen

Das Tierreich

VI

Die wirbellosen Tiere

Von

Dr. Ludwig Böhmig
Professor der Zoologie an der Universität Graz

Erster Band

Urtiere, Schwämme,
Nesseltiere, Rippenquallen und Würmer

Mit 74 Figuren

Leipzig
G. J. Göschen'sche Verlagshandlung
1909

Spamersche Buchdruckerei in Leipzig

Inhalt.

Literatur.

Hand- und Lehrbücher.

Die mit * enthalten auch eingehendere Angaben über die in Betracht kommende Literatur.

Blochmann, F., Die Mikroskopische Tierwelt des Süßwassers. 1. Aufl., Häring, Braunschweig 1886; 2. Aufl., Gräfe & Sillem, Hamburg 1895.

Boas, J. E. V., Lehrbuch der Zoologie für Studierende. 5. Aufl., G. Fischer, Jena 1908.

*Braun, M., Die tierischen Parasiten des Menschen. 4. Aufl., Stubers Verl., Würzburg 1908.

*Bronn, Klassen und Ordnungen des Tier-Reichs. Winter, Leipzig-Heidelberg 1859 —.

Cambridge, Natural History ed. by S. F. Harmer and A. E. Shipley. Macmillian and Co. 1895—1904.

*Delage-Hérouard, Traité de Zoologie concrète. Schleicher Frères, Paris 1896 —.

*Führt, O. v., Vergleichende chem. Physiologie der niederen Tiere. Fischer, Jena 1907.

Graff, L. v., Das Schmarotzertum im Tierreich. Quelle & Meyer, Leipzig 1907.

*Grobben-Claus, Lehrbuch der Zoologie. 7. Aufl., Elwert, Marburg 1905.

Hatschek, B., Lehrbuch der Zoologie. Fischer, Jena 1888.

*Hertwig, R., Lehrbuch der Zoologie. 8. Aufl., Fischer, Jena 1907.

Kennel, J., Lehrbuch der Zoologie. Enke, Stuttgart 1893.

Kißkalt, K., u. M. Hartmann, Practicum d. Bacteriologie u. Protozoologie. Fischer, Jena 1907.

*Lang, A., Lehrbuch d. vergl. Anatomie d. wirbellosen Tiere. 1. Aufl. 1888, 1894; 2. Aufl. 1901 —. Fischer, Jena.

Leuckart, R., Die menschlichen Parasiten. 1. Aufl. 1863—76; 2. Aufl. 1879 —. Winter, Leipzig-Heidelberg.

Leunis, J., Synopsis der Tierkunde, bearbeitet von H. Ludwig. 3. Aufl., Hahn, Hannover 1883—86.

*Ray Lankester, E., A Treatise on Zoologie. A. and Ch. Black, London 1900 —.

Wagner, F. v., Tierkunde. Göschen, Leipzig 1897.

— Schmarotzer u. Schmarotzertum in d. Tierwelt. Göschen, Leipzig 1902.

Die tierischen Organismen haben entweder den Wert einer Zelle[1]), oder sie bestehen aus Tausenden und Millionen von Zellen; die ersteren nennen wir **Urtiere, Protozoa**, die letzteren **Metazoa.**

Die Zelle, welche den Körper eines Urtieres darstellt, wird alle jene Eigenschaften aufweisen, welche einer Zelle überhaupt zukommen; sie vermag Nahrung aufzunehmen und in lebende Substanz umzuwandeln (zu assimilieren), sie hat die Fähigkeit, sich zu bewegen, sie ist kontraktil, sie perzipiert Reize der verschiedensten Art und reagiert auf dieselben in irgend einer Weise, sie vermag zu wachsen und sich zu vermehren.

In den einzelligen Lebewesen treten uns im großen und ganzen die Zellen in ihrer allseitigsten Leistungsfähigkeit entgegen; sie müssen, um existieren zu können, den mannigfaltigsten Anforderungen gerecht werden; bei den Vielzelligen, den Metazoen, hingegen kommt es zu einer Arbeitsteilung, die zum Teil wenigstens durch die komplizierte Form des Metazoenkörpers bedingt ist. Die einzelne Zelle ist hier einer bestimmten Leistung in einem höheren Grade angepaßt, sie ist in einer bestimmten Richtung spezialisiert; als selbständiges Individuum tritt sie dem Ganzen gegenüber in den Hintergrund. Es ist daher einleuchtend, daß mit der fortschreitenden Höhe der Organisation die Spezialisierung der Zellen eine größere wird.

---

[1]) vgl. Wagner, F. v., Tierkunde.

Protozoa, Urtiere.

Trotz der Einzelligkeit zeigen die Protozoen gar mannigfache und auffallende Verschiedenheiten, welche sich auf die Art und Weise der Bewegung, der Nahrungsaufnahme, der Vermehrung und auf besondere Differenzierungen des Zellleibes sowie auf Eigentümlichkeiten der Kerne (Zahl, Bedeutung) beziehen. Mit Rücksicht hierauf ist eine Trennung derselben in 5 ziemlich scharf umschriebene Gruppen möglich: Die **Sarcodina, Mastigophora, Ciliata, Suctoria** und **Sporozoa.**

1. Kl.: **Sarcodina, Sarkodetierchen.**

Zu den Sarkodinen werden alle jene Protozoen gerechnet, welche sich mittels sogenannter Pseudopodien oder Scheinfüßchen bewegen und mit Hilfe derselben ihre Nahrung aufnehmen. Unter Pseudopodien versteht man breite lappige, fingerförmige oder fädige, zuweilen mit einem festeren Achsenfaden versehene Plasmafortsätze, die vom Körper in das umgebende Medium ausstrahlen und nach Belieben vorgestreckt und rückgebildet werden können. Betrachten wir eine der in unseren Bächen und Tümpeln so häufig vorkommenden Amöben (Fig. 1), welche im Begriffe ist, ein Pseudopodium zu bilden, so nehmen wir an der betreffenden Stelle eine kleine, buckelartige Erhebung an der Oberfläche wahr, welche durch Zufließen mehr zentral gelegener Körpersubstanz (Plasma) an Größe stetig zunimmt; hierdurch wird schließlich eine Veränderung in der Lage des Tieres, eine allerdings langsame Fortbewegung bedingt werden; nach Rhumbler legt z. B. Amoeba limax ca. $^1/_{1000}$ mm ($= 1\,\mu$)

in 1 Sekunde zurück. Kleine pflanzliche und tierische Organismen, welche in der Richtung eines Pseudopodiums gelegen sind, werden von diesem umflossen und in den Körper der Amöbe gezogen; für größere Objekte, z. B. Algenfäden, welche erheblich länger sind als die Amöbe selbst, braucht diese allerdings manchmal mehrere Stunden, um das Beutestück in sich aufzunehmen. Die Verdauung der Nahrung findet bei jenen Amöben, welche eine Differenzierung ihrer Leibessubstanz in eine festere Außenzone (Ektoplasma) und eine flüssigere Innenzone (Entoplasma) erkennen lassen, in der letzteren statt, und zwar spielen hierbei, ganz ähnlich wie bei dem Verdauungsprozesse der höheren Tiere, Fermente und zwar sowohl Eiweiß verdauende oder peptische und Stärke lösende oder diastatische, welche von dem Plasma abgeschieden werden, eine wichtige Rolle. Die unverdaulichen Substanzen werden nach kürzerer oder längerer Zeit an einer beliebigen Stelle nach außen entleert. Das mit der Nahrung aufgenommene Wasser umgibt die Nahrungskörper, es bildet sogenannte Nahrungsvakuolen; dieselben verschwinden, wenn der Nahrungskörper verdaut ist, resp. wenn die Reste desselben ausgestoßen werden. Bei einer großen Anzahl von Amöben bemerkt man an der Grenze von Ekto- und Entoplasma eine Vakuole, eine Flüssigkeitsansammlung (Fig. 1, cv), welche verschwindet, wenn sie eine gewisse Größe erreicht hat, um alsdann nach einer bestimmten Zeit an der gleichen Stelle wieder zu erscheinen. Diese kontraktilen oder pulsierenden Vakuolen stehen sehr wahrscheinlich in Beziehung zur Atmung und Exkretion, insofern durch sie das Wasser, welches bei der Nahrungsaufnahme oder durch

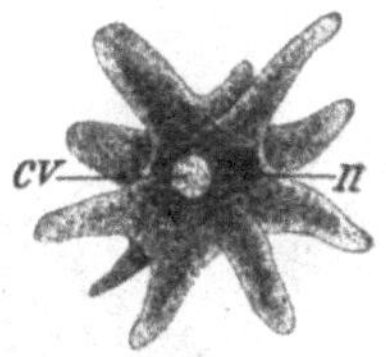

Fig. 1.
Amoeba proteus, aus Lang nach Verworn. cv kontraktile Vakuole, n Kern.

Diffusion in den Körper gelangt, wiederum nach außen entleert wird. Da es hierbei den Körper durchströmt, so hat es Gelegenheit, Sauerstoff an das Protoplasma abzugeben, Kohlensäure dagegen und die im Wasser löslichen Stoffwechselprodukte aus dem Körper zu entfernen.

Eine solche direkte Inkorporierung der Nahrungskörper ist natürlich nur bei jenen Sarkodinen möglich, welche gleich den nackten Amöben einer Schale entbehren, oder bei solchen, deren Schale mit einer entsprechend großen Öffnung versehen ist.

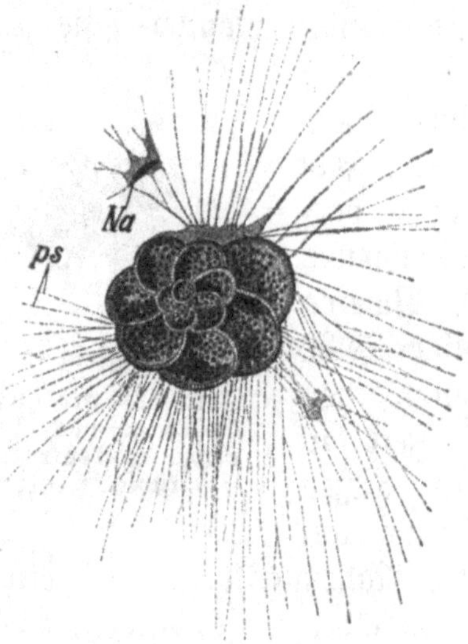

Fig. 2. Rotalia veneta, nach M. Schultze aus Grobben, Na Nahrungskörper, ps Pseudopodien.

Die im Meere lebenden Foraminiferen, deren Pseudopodien fadenartig dünn sind (Fig. 2, ps), besitzen zum großen Teile Schalen mit zahlreichen, aber sehr feinen Poren; eine Aufnahme selbst kleiner Nahrungskörper in das von der Schale umschlossene Plasma ist nicht möglich. Berührt nun ein Tierchen ein Pseudopodium, so bleibt es an der klebrigen Oberfläche desselben haften; durch die Berührung des Pseudopodiums wird zunächst auf dieses ein Reiz ausgeübt, der aber auch auf die in der Nähe befindlichen Scheinfüßchen übertragen wird. Diese entsenden Verbindungsfäden zu jener Stelle, an welcher sich die Beute befindet; Plasma strömt herbei, das Beutestück ist in kurzer Zeit von einer ansehnlichen Plasmamenge umgeben und die Verdauung, die Assimilierung, beginnt.

Die Pseudopodien sind bei allen Sarkodinen, falls nicht exzeptionelle Verhältnisse vorliegen, von größter Bedeutung für die Nahrungsaufnahme; als Bewegungsorgane treten sie dagegen bei den im Wasser schwebenden, nicht kriechenden Formen, vornehmlich bei Radiolarien und Heliozoen, etwas in den Hintergrund. Zu beachten ist allerdings, daß durch sie die Oberfläche und mithin auch der Reibungswiderstand des Körpers eine Vergrößerung erfährt. Das Flottieren sowie das Aufsteigen im Wasser wird durch das Vorhandensein von Vakuolen ermöglicht, deren Inhalt um so viel spezifisch leichter ist als das Wasser, daß dadurch die größere spezifische Schwere des Plasmakörpers und der Skeletteile kompensiert wird. Dies wird nach Brandt dadurch erreicht, daß sich die bei der Atmung gebildete Kohlensäure in der Vakuolenflüssigkeit löst, und so eine Verminderung des Salzgehaltes in derselben herbeigeführt wird.

Kontraktionen des Protoplasmas, welche durch äußere, z. B. mechanische Reize (heftige Bewegung) hervorgerufen werden, können ein Platzen der Vakuolen, eine Entleerung des Inhaltes nach außen zur Folge haben; hierdurch wird natürlich eine Erhöhung des spezifischen Gewichtes der Tiere, ein Sinken derselben, bedingt werden.

Diese hydrostatischen Vakuolen, welche vornehmlich bei Radiolarien beobachtet wurden und bei diesen funktionell die fehlenden kontraktilen ersetzen dürften, liegen in den peripheren Partien des Körpers und hier finden wir auch, im Gegensatz zu den Amöben, bei den genannten Sarkodetierchen und bei den Heliozoen die Nahrungsvakuolen, hier vollzieht sich die Assimilierung der Nahrung.

Die Mehrzahl der Sarkodinen hat die Fähigkeit, Schalen und Gehäuse zu bilden, die, meist vom Weichkörper ausgeschieden, diesem zum Schutze und zur Stütze dienen. Als Materialien für die Schalen und Gehäuse kommen in Betracht: Acanthin, eine eiweißartige Substanz, Chitin, kohlensaurer Kalk, Kieselsäure und Fremdkörper, welche durch eine Kittsubstanz verbunden werden.

Alle Lebensprozesse stehen, wie in allen Zellen so auch hier, unter dem Einflusse des Kernes; kernlose Stücke haben wohl die Fähigkeit, kurze Zeit, einige Stunden, im besten Falle einige Tage zu leben, dann sterben sie ab.

Normalerweise besitzt ein jedes Sarkodetierchen einen Kern, doch teilt sich dieser sehr häufig — besonders zur Zeit der Vermehrung — in eine große Zahl, so daß unter Umständen mehrere Hunderte von Kernen vorhanden sein können (Pelomyxa, Actinosphaerium). Im allgemeinen sind dieselben groß genug, um leicht erkannt zu werden, zuweilen ist jedoch die Kernsubstanz im Plasma in Form kleinster Körnchen (Chromidien) oder eines zarten Netzwerkes (Chromidialnetz) fein verteilt und kann nur mit Hilfe besonderer Färbemethoden nachgewiesen werden; in manchen Fällen sind Chromidien neben typischen großen Kernen vorhanden, und die Untersuchungen Schaudinns haben dargetan, daß bei diesen Formen (Polystomella crispa, Centropyxis aculeata) ähnliche Kernverhältnisse obwalten können wie bei den Ciliaten (s. d.), daß nämlich ein Teil des vorhandenen Chromatins den Stoffwechsel reguliert, ein anderer Teil (die Chromidien in den angezogenen Beispielen) Beziehung zur Fortpflanzung hat und dem Geschlechtskerne oder Mikronucleus der Ciliaten entspricht.

Die Vermehrung der Sarkodinen erfolgt im allgemeinen auf dem Wege der Teilung, wobei mehrere Modifikationen zu unterscheiden sind: 1. einfache Zweiteilung in annähernd gleich große Tochterindividuen; 2. wiederholte Teilung, welche zur Bildung zahlreicher kleiner Individuen, führt und

3. Knospung. Kompliziert wird die Sachlage nun dadurch, daß bei ein und derselben Art verschiedene Teilungsweisen nacheinander (1 und 2) oder nebeneinander (1 und 3) beobachtet werden, und daß weiterhin Individuen (Geschlechtsindividuen, Gameten) auftreten, welche von den gewöhnlichen in ihrem Baue verschieden sind und sich zumeist erst nach paarweiser Verschmelzung (Kopulation) weiter teilen; es handelt sich bei der Kopulation um einen Vorgang, den wir dem Befruchtungsprozesse der höheren Tiere vollständig an die Seite stellen müssen.

Als Beispiel für eine einfache Zweiteilung diene Amoeba polypodia: Der Akt wird eingeleitet durch eine Streckung des Kernes, welcher alsbald Hantelform annimmt und sich in der Mitte durchschnürt; in der Mitte des Tieres tritt nun eine Ringfurche auf, die, immer tiefer einschneidend, schließlich den Körper in die beiden Tochterindividuen zerlegt. Eine Rückbildung der Pseudopodien findet hier nicht statt, bei anderen Arten geschieht dies; in vielen Fällen umgeben sich die Tiere sogar vor der Teilung mit einer festen Hülle, sie encystieren sich.

Ist eine Schale vorhanden, so wird sich diese nur dann mitteilen können, wenn sie sehr dünn und weich ist; besitzt sie eine größere Festigkeit, so ist dies natürlich unmöglich, es muß alsdann für das eine Tochtertier wenigstens eine neue Schale gebildet werden, und dieser Vorgang ist für Euglypha alveolata z. B. sehr genau beschrieben worden.

Die Knospung unterscheidet sich von der typischen Teilung dadurch, daß das neugebildete Individuum erheblich kleiner ist als das, aus welchem es entsteht. Acanthocystis aculeata, ein Sonnentierchen, zeigt diese Art der Vermehrung in recht typischer Weise und liefert zugleich ein Beispiel von gleichzeitig stattfindender Knospung und Teilung: der Kern des Muttertieres teilt sich einige Male amitotisch und liefert eine Anzahl von Tochterkernen (Fig. 3, n'), von denen einer ungefähr im Zentrum liegen bleibt, während die anderen an die Peripherie rücken und hier das Plasma buckelartig vorwölben; schließlich lösen sich diese Knospen, deren jede aus einem Kerne und einer mäßigen Menge Plasma besteht, los und wandeln sich nach einer kurzen Ruhezeit entweder direkt in kleine Sonnentierchen um, oder sie nehmen zunächst die Gestalt von Amöben resp. Geißeltierchen an, die sich nach einer weiteren Ruheperiode in Heliozoen umformen. Während dieser Zeit hat sich auch der im Zentrum befindliche Kern (n) mitotisch geteilt, und an die Teilung des Kernes schließt sich die des Körpers an.

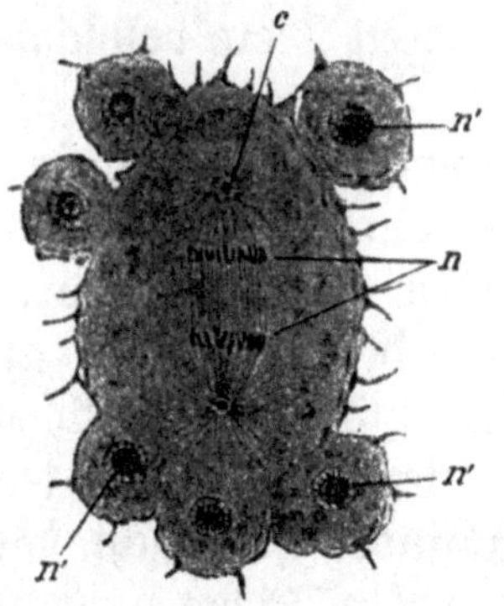

Fig. 3. Acanthocystis aculeata, in Knospung und Teilung begriffen; aus Lang nach Schaudinn. c Centrosom, n Kern des Muttertieres in mitotischer Teilung, n' Kerne der Knospen.

Polystomella crispa, ein im Meere lebendes, zu den Foraminiferen gehöriges Tierchen, besitzt eine Schale, welche aus zahlreichen kleinen Kämmerchen besteht, die durch Scheidewände voneinander getrennt werden; da dieselben jedoch nicht vollständig, sondern perforiert sind, ist der Zusammenhang des Plasmas in benachbarten Kammern ermöglicht. Die Schale ganz junger Polystomellen wird von einer einzigen Kammer, der Embryonal- oder Zentralkammer, gebildet, an diese werden dann allmählich die übrigen angebaut. Bei manchen Individuen ist die Embryonalkammer sehr klein, bei anderen relativ groß; wir bezeichnen die Individuen der ersten Art als mikrosphärische, die der zweiten als megalosphärische Formen. Es ergeben sich aber auch Verschiedenheiten in den Kernverhältnissen;

die megalosphärischen Individuen besitzen neben einem großen Kerne, dem Prinzipalkern, eine Anzahl kleiner Kerne (Chromidien), den mikrosphärischen fehlt der Prinzipalkern, dafür ist bei ihnen die Zahl der Chromidien ungemein groß. Diese Erläuterungen waren nötig zum Verständnisse der Fortpflanzungserscheinungen, und wir wollen bei der Betrachtung derselben von den mikrosphärischen Individuen ausgehen. Diese kriechen zur Zeit der Vermehrung aus ihren Schalen und zerfallen in zahlreiche Stücke, die, nach Art kleiner Amöben umherwandernd, anfänglich einer Schale entbehren, um erst nach einiger Zeit mit der Bildung einer solchen zu beginnen. Sie entwickeln sich aber nicht wieder zu mikrosphärischen, sondern zu megalosphärischen Formen; die in ihnen enthaltenen Chromidien vereinigen sich zum Teil zu einem Prinzipalkerne, die zuerst gebildete Kammer ist ansehnlich. In den megalosphärischen Individuen vermehren sich die Chromidien zur Zeit der Fortpflanzung zum Teil auf Kosten des Prinzipalkernes, der schließlich zerfällt und keine Rolle mehr spielt, ganz bedeutend und bilden eine Menge kleiner Kerne; jeder Kern umgibt sich mit einer Portion Plasma, teilt sich zweimal, und diese Teilstücke wandeln sich, indem sie zwei Geißeln bilden, in flagellatenartige Wesen, in sogenannte Schwärmsporen um. Treffen dieselben mit Schwärmsporen, die von einem anderen Muttertiere abstammen, zusammen, so kopulieren sie, d. h. je zwei Schwärmsporen verschiedener Abstammung verschmelzen vollständig miteinander und es entwickelt sich ein Tier mit den Charakteren der mikrosphärischen Generation. Es liegt hier ein recht komplizierter Entwicklungszyklus vor, welcher zugleich das Bild eines Generationswechsels bietet, da geschlechtlich und nicht geschlechtlich erzeugte Generationen, die mikrosphärischen und megalosphärischen, miteinander wechseln. Als Geschlechtsindividuen s. S. 27 Anm. werden wir sowohl die megalosphärischen Individuen zu bezeichnen haben, als auch die Schwärmsprößlinge, die zur weiteren Entwicklung der Kopulation bedürfen. Aus dem Gesagten geht weiterhin hervor, daß Polystomella crispa, und dies gilt auch für eine Anzahl anderer Sarkodinen, dimorph ist, d. h. es tritt uns diese Art in zwei Gestalten entgegen, als mikro- und als megalosphärische Form; es handelt sich nicht, wie man ohne Kenntnis der Entwicklung vielleicht annehmen könnte, um zwei verschiedene Arten.

Verschiedenheiten in der Form und im Baue der Pseudopodien, besondere Differenzierungen des Plasmaleibes ermöglichen eine Aufteilung der Sarkodinen in kleinere Gruppen, die im folgenden kurz charakterisiert sein mögen:

1. U.-Kl.: **Rhizopoda, Wurzelfüßer.** Die breiten lappigen, fingerförmigen oder fadenartigen, feinen Pseudopodien entbehren stets eines Achsenfadens. Eine Schale kann vorhanden sein oder fehlen.

1. O.: **Amoebaea.** Beschalte oder nackte Rhizopoden mit lappigen, fingerartigen oder [selten] fädigen, aber nicht zu Verschmelzungen neigenden Pseudopodien. Plasma meist in Ekto- und Entoplasma differenziert; kontraktile Vakuolen vorhanden. Die eventuell vorhandene einkammerige Schale besteht aus Chitin, Kieselsäure oder Fremdkörpern. Im Meere und im süßen Wasser.

1. U.-O.: *Gymnamoebaea.* Körper nackt. In diese Gruppe gehören die zahlreichen Amöben, von denen jedoch nur ein Teil selbständige Tierformen repräsentieren dürfte, ein anderer in die Entwicklungszyklen anderer Sarkodinen- resp. Protozoengruppen gehört.

Amoeba proteus, 200—500 μ Durchmesser; Pseudopodien ziemlich groß, breit und zahlreich. In Tümpeln und Bächen. A. terricola, in feuchter Erde und unter Moos. A. guttula, A. limax besitzen keine scharf ausgeprägten Pseudopodien, sondern gleiten auf der Unterlage dahin. — Pelomyxa. Durchmesser 1—3 mm; Pseudopodien kurz, bruchsackartig. A. coli und histolytica leben im Darme des Menschen.

2. U.-O.: *Thecamoebaea.* Beschalte Amöben. Zu den häufigsten Formen unserer Gewässer gehören: Arcella. Schale chi-

tinig, fein gefeldert, gelbbraun gefärbt und von uhrglasförmiger Gestalt. Die Seite, auf welcher die große Öffnung gelegen ist, bezeichnet man als die ventrale. Dorsalseite konvex. Pseudopodien ziemlich breit.

Difflugia. Die kugelige bis birnenförmige, zuweilen mit Dornen versehene Schale besteht aus Fremdkörpern (Sand, Diatomeenpanzern), welche durch ein chitiniges Bindemittel zusammengehalten werden. Pseudopodien breit. Zahlreiche Arten.

Hier schließt sich Centropyxis an.

Euglypha. Schale birnenförmig, Mündung gezähnt, Hinterende zuweilen mit Dornen. Pseudopodien fein und spitz, zuweilen verästelt.

2. O.: **Foraminifera.** Die fast stets mit einer Schale versehenen Foraminiferen besitzen feine, fädige, zu Netzbildungen neigende Pseudopodien. Kontraktile Vakuolen scheinen zu fehlen. Mit wenigen Ausnahmen, z. B. Gromia, marin. Die Schalen, welche zumeist aus kohlensaurem Kalk, der an eine organische Substanz gebunden ist, seltener aus zusammengekitteten Sandpartikelchen bestehen, sind entweder ein- oder vielkammerig, mono- oder polythalam. Die Gestalt der einkammerigen Schalen resp. der einzelnen Kammern der Vielkammerigen ist röhren-, flaschen-, hornförmig, kugelig, ringförmig usw., ihre Zusammenordnung erfolgt geradlinig (Nodosarien), planospiral (Polystomella), schraubenspiralig (Rotalia), konzentrisch (Orbitolites). Die Kammern, von welchen die jüngsten stets die größten sind, werden gewöhnlich durch perforierte Scheidewände getrennt, doch können diese auch fehlen. Bei einem Teile der Foraminiferen besitzt die Schale nur eine einzige oder einige wenige größere Öffnungen, durch welche das Plasma nach außen treten kann, bei anderen (Fig. 2) sind die Kammerwände überall von zahlreichen feinen Poren durchsetzt; die ersteren nennt man Imperforata, die letzteren Perforata und teilt gewöhnlich auch die Foraminiferen in diese beiden Gruppen ein.

Zu den bekanntesten vielkammerigen, perforierten Formen gehören: **Globigerina**, **Rotalia**, **Polystomella**, **Nummulites**; zu den imperforierten: **Miliola**, **Orbitolites**.

2. U.-Kl.: **Heliozoa, Sonnentierchen.** Körper kugelig; Pseudopodien nach allen Seiten ausstrahlend (Fig. 4), sehr fein, starr, meist von einem Achsenfaden durchzogen. Die kontraktilen Vakuolen (cv) liegen in dem Ektoplasma, das sich hier vom Entoplasma durch stärkere Vakuolisierung unterscheidet. Die Skelette bestehen im allgemeinen aus radiär oder tangential angeordneten Kieselnadeln, -stacheln oder -plättchen. Meist Süßwasserbewohner.

Actinosphaerium Eichhorni (Fig. 4) erreicht einen Durchmesser von 1 mm; Ektoplasma sehr stark vakuolisiert, zahlreiche Kerne im Entoplasma. Die Achsenfäden der Pseudopodien (Fig. 4, ax) enden an der Grenze von Ekto- und Entoplasma. Ohne Skelett.

Actinophrys sol. Durchmesser ca. 50 μ. Skelettlos; mit einem Kerne im Ento- und einer pulsierenden Vakuole im Ektoplasma.

Acanthocystis besitzt ein Skelett aus radiär gestellten, etwas verschieden geformten Nadeln; bei **Rhaphidiophrys** sind die Nadeln unregelmäßig tangential gelagert; eine gestielte, mit großen Öffnungen versehene kugelige Gitterschale finden wir bei **Clathrulina**. Alle die genannten Formen sind, mit Ausnahme von **Clathrulina**, in stehenden Wässern ziemlich häufig.

3. U.-Kl.: **Radiolaria, Strahlentierchen.** Der Körper der Radiolarien (Fig. 5) wird, und dies ist sehr charakteristisch für die Angehörigen dieser Gruppe, durch eine Membran, eine Kapsel, in eine zentrale und eine periphere Partie geschieden. Das von der Kapsel umschlossene oder intrakapsuläre Plasma (Fig. 5, ipl) enthält den Kern resp. die Kerne und häufig auch Öltropfen; in das extrakapsuläre, außerhalb der Kapsel befindliche Plasma (epl), welches die Bildungsstätte der Pseudopodien darstellt und die Hauptrolle bei der Aufnahme und Assimilierung der Nahrung spielt, sind

Vakuolen verschiedener Art (Nahrungsvakuolen, hydrostatische Vakuolen) eingelagert, in ihm findet sich fernerhin eine gallertige Substanz. Extra- und intrakapsuläres Plasma stehen durch Poren in der Kapselmembran (m) in Verbindung; bei den Spumellarien und Acantharien sind die Poren in großer Zahl vorhanden und gleichmäßig über die ganze Kapsel verteilt, bei den Nassellarien sehen wir sie auf ein bestimmtes Feld beschränkt, drei größeren, symmetrisch angeordneten Poren begegnen wir bei den Phäodarien. Die selten

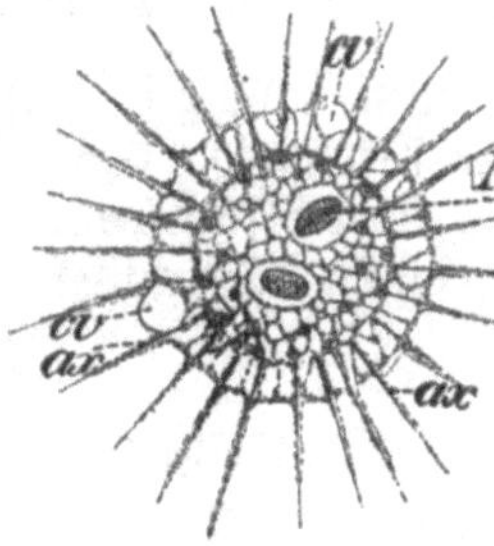

Fig. 4. Actinosphaerium Eichhorni, aus R. Hertwig. ax Achsenfaden der Pseudopodien, cv kontraktile Vakuolen, Na Nahrungskörper.

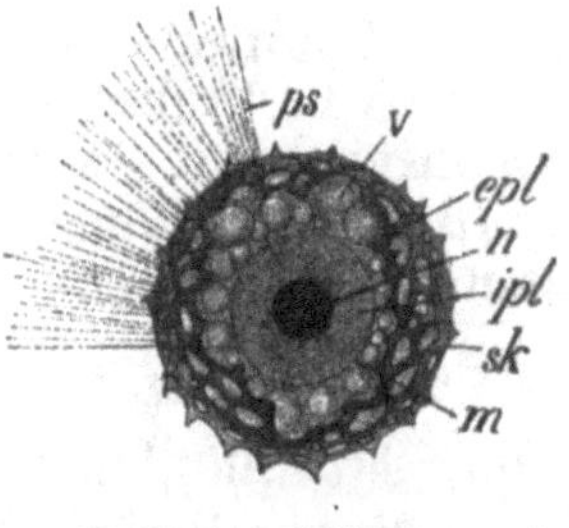

Fig. 5. Radiolar, Schema. epl extrakapsuläres Plasma, ipl intrakapsuläres Plasma, m Kapselmembran, n Kern, ps Pseudopodien, sk Kieselhülle, Gitterkugel, z. T. aufgebrochen, v Vakuolen.

fehlenden, aus Kieselsäure oder Acanthin bestehenden Skelette zeigen eine außerordentliche Formenmannigfaltigkeit. Isolierte Kieselnadeln, einfache oder mit Dornen und Stacheln versehene Kugeln und Ellipsoide, von denen nicht selten mehrere ineinander geschachtelt sind, treffen wir bei den Spumellarien an, Ringe, Dreifüße, Gitterkugeln und Kombinationen dieser Skelettformen, helm- und käfigförmige Bildungen sind den Nassellarien eigen; hohle Kieselnadeln, die überaus komplizierte, zuweilen muschelschalenartige, zweiklappige, mit Stacheln und Kolben versehene Skelette bilden, sind den Phäodarien eigentümlich. Bei den Acantharien bestehen die Skelette aus einer größeren oder geringeren Anzahl von Acanthinstäben, welche in der Mitte der Zentralkapsel zusammenstoßen.

Einzellige gelbe Algen (Zooxanthellen), welche häufig im Plasma der Strahlentierchen beobachtet werden, sind vielleicht für diese insofern von Bedeutung, als sie die von den Radiolarien erzeugte Kohlensäure zur Bildung von Stärke benützen, die dann den Tieren wieder als Nahrung dient.

Die Radiolarien sind durchaus marine, zum Teil in bedeutender Tiefe, zum Teil pelagisch lebende Tierformen.

1. O.: **Spumellaria.** Kapselmembran allseitig perforiert, Skelett, wenn vorhanden, aus Kieselsäure bestehend. Einzellebend oder kolonienbildend. Zu den letzteren gehören Sphaerozoum, Collozoum; die Kolonien erreichen einen Durchmesser von mehreren Millimetern.

2. O.: **Acantharia.** Kapselmembran allseitig von Poren durchsetzt, Acanthinskelett.

3. O.: **Nassellaria.** Zentralkapsel mit Porenfeld. Kieselskelett.

4. O.: **Phaeodaria.** Zentralkapsel mit nur drei Öffnungen. Skelett kieselig.

Zu den Sarkodinen rechnet man jetzt ziemlich allgemein die früher als pflanzliche Organismen betrachteten **Schleimpilze, Myxomyceten** oder **Mycetozoa.** Sie treten gewöhnlich als Plasmodien, als riesige, vielkernige, oft lebhaft gefärbte Amöben, deren Durchmesser mehrere Zentimeter betragen kann, auf. Gestaltlich gleichen sie meist einem aus anastomosierenden Plasmasträngen gebildeten Netze, seltener sind sie von klumpiger Form. Die Plasmodien entstehen durch Verschmelzung einer großen Anzahl kleiner, einkerniger Amöben. Zur Zeit der Vermehrung scheidet die Plasmamasse eine feste, an kohlensaurem Kalk reiche Hülle ab und bildet so die kugeligen Sporenblasen oder die gestaltlich komplizierteren Fruchtkörper; das Plasma zerfällt in zahlreiche einkernige Stücke, die sich ihrerseits mit einer festen Hülle umgeben und die Sporen repräsentieren, überdies scheidet dasselbe häufig vor der Bildung der Sporen elastische, spiralig gewundene Fäden, die Elateren, oder ein einfädiges Netzwerk, das Capillitium, aus, die zur Sprengung der Sporenblasen- resp. Fruchtkörperwand dienen. Die Sporen werden zerstreut, und es entwickeln sich aus ihnen entweder kleine Amöben oder mit 1 resp. 2 Geißeln versehene flagellatenartige Wesen, die sich später in Amöben umformen und nun zur Plasmodienbildung schreiten können.

In feuchten Wäldern, an faulendem Holz; die bekannteste Form ist Aethalium septicum (Fuligo varians), die Lohblüte, auf Gerberlohe.

2. Kl.: **Mastigophora = Flagellata, Geißeltierchen.**

Die Geißeltierchen gehören zu den interessantesten Protozoen, da sie Formen enthalten, welche zu den einzelligen Pflanzen überleiten und daher den Zoologen und Botaniker in gleicher Weise interessieren. Charakteristisch für die Mastigophoren sind die Geißeln; sie dienen zur Lokomotion und in vielen Fällen zum Herbeistrudeln der Nahrung. Unter Geißeln verstehen wir relativ, d. h. im Verhältnis zur Größe der Tiere, lange, nicht vergängliche, mit einer besonderen elastischen Achsenfaser versehene Plasmafäden, deren Zahl im allgemeinen eine geringe ist, 1—4, selten mehr. Sie entspringen gewöhnlich am Vorderende, in der Nähe jener Stelle, an welcher die Mundöffnung gelegen ist, wenn eine solche überhaupt vorhanden ist, seltener inserieren sie am Hinterende. Die am Vorderende befindlichen, bei der Bewegung vorangehenden Geißeln (Fig. 6—8, gl) schleppen den Körper nach, die vom Hinterende ausgehenden stoßen ihn vor sich her; in beiden Fällen erfolgt die Bewegung der

Geißeln selbst in einer Schraubenlinie. Nicht selten ist eine der Geißeln des Vorderendes (Fig. 7, gl') nach hinten gerichtet, sie führt den Namen Schleppgeißel und kommt für die Bewegung nur als eine Art Steuer in Betracht. An Stelle der Geißel oder einer der Geißeln tritt bei den parasitischen Flagellaten meist eine sogenannte undulierende Membran, d. i. ein zarter, längs des Körpers verlaufender Plasmasaum, in dessen verdicktem Rande die Achsenfaser liegt.

Viele Mastigophoren ernähren sich von kleinen Tieren und Pflanzen, die mit Hilfe der Geißeln herbeigestrudelt werden. Meist ist bei diesen Formen an der Geißelbasis ein kleiner Spalt, ein Mund, vorhanden, welcher die festere Außenschicht des Körpers, die Pellicula, durchbricht, und zuweilen schließt sich an die Mundöffnung auch ein kleiner röhrenförmiger Schlund (Cytopharynx) an. Die Verdauung der Beutestücke findet in dem weicheren Innenplasma statt. Dies gilt aber nur für einen Teil der Flagellaten, andere leben nach Art von Pflanzen, holophytisch, sie bilden aus anorganischen Substanzen Stärke oder eine stärkeartige Substanz, Paramylum; möglich ist dies natürlich aber nur dann, wenn Chlorophyll vorhanden ist, und tatsächlich besitzen die betreffenden Formen, die infolgedessen von den Botanikern als pflanzliche Organismen betrachtet werden, entweder zahlreiche kleine Chlorophyllkörner oder einige wenige größere, braune oder gelbliche Chromatophoren (Fig. 8, chr). Wieder andere nehmen auf osmotischem Wege gelöste organische Substanzen auf gleich chlorophyllfreien Pflanzen, sie leben saprophytisch. Von Interesse ist es, daß ein Teil der holophytisch lebenden Flagellaten mit gut ausgebildeten Schlundapparaten, die aber nicht in Aktion treten, ausgestattet ist.

Unverdauliche Substanzen werden wenigstens bei manchen Geißeltierchen an einer bestimmten Stelle in der Nähe des hinteren Körperpoles ausgestoßen; ob aber eine konstante

Afteröffnung vorhanden ist, erscheint fraglich. Ein oder zwei kontraktile Vakuolen (Fig. 6—8, cv) sind wohl stets vorhanden, sie liegen entweder in der vorderen oder hinteren Partie des Körpers; ihre Funktion ist die gleiche wie bei den Sarkodinen. Zu den bedeutenden Unterschieden, welche hinsichtlich der Art der Bewegung und Nahrungsaufnahme zwischen Sarkodinen und Flagellaten bestehen, kommen noch die gestaltlichen. Der zumeist ovale oder spindelförmige

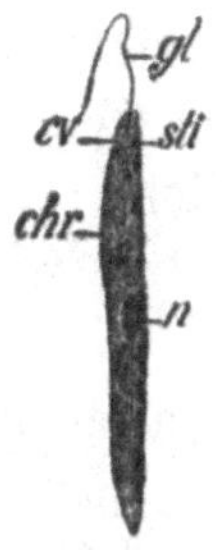

Fig. 6. Euglena deses, nach Blochmann. chr Chromatophoren, cv kontraktile Vakuole, n Kern, sti Stigma.

Fig. 7. Anisonema grande, nach Bütschli aus Blochmann. gl Geißel, gl' Schleppgeißel, n Kern.

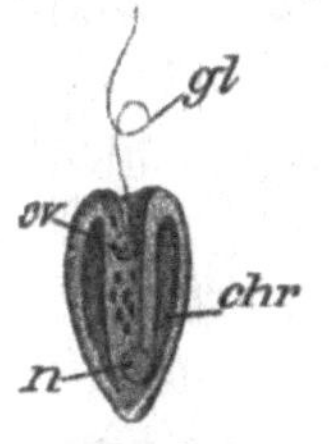

Fig. 8. Cryptoglena pigra. chr Chromatophoren, cv kontraktile Vakuole, gl Geißel, n Kern.

Körper ist bei der Mehrzahl der Flagellaten nicht mehr amöboid veränderlich, wohl aber vermögen sich viele von ihnen noch in ausgiebigster Weise zu biegen und zu krümmen; der Grad der Biegsamkeit hängt von der Derbheit der äußersten Plasmaschicht, der Pellicula, ab, die in manchen Fällen zu einer ziemlich festen, den Körper allseitig umhüllenden Membran wird.

Die Fähigkeit der Pseudopodienbildung kommt in sehr hohem Maße nur noch den Rhizomastigiden zu, in welchen wir geradezu verbindende Glieder zwischen Sarkodinen und Flagellaten zu sehen haben.

Eine Pellicula von einiger Festigkeit wird dem Tiere auch einen gewissen Schutz gegen Insulte der Außenwelt gewähren, in viel höherem Maße tun dies natürlich die verhältnismäßig dicken, aus Cellulose, Chitin oder auch aus einer mehr gallertigen Substanz bestehenden Gehäuse und Hüllen, die entweder dem Körper dicht anliegen (Hüllen) oder von demselben abstehen (Gehäuse); die einen wie die anderen werden natürlich vom Tiere ausgeschieden und besitzen Öffnungen zum Durchtritte der Geißeln.

In der Nähe des vorderen Körperpoles bemerkt man bei vielen Mastigophoren im Plasma einen kleinen, meist roten Fleck, den Augenfleck oder das Stigma (Fig. 6, sti); wie Experimente gezeigt haben, ist diese Stelle besonders lichtempfindlich, der Name Augenfleck ist daher nicht ungerechtfertigt.

Der bläschenförmige Kern der Flagellaten enthält zumeist einen nucleolusartigen Körper (Binnenkörper, Karyosom), welcher bei der Teilung des Kernes eine wichtige Rolle spielt; bei manchen Formen, besonders bei den parasitisch lebenden, ist noch ein zweiter Kern, der Bewegungskern oder Blepharoblast, deutlich erkennbar. Der Ausdruck Bewegungskern deutet schon an, daß dieser Kern spezielle Beziehung zum Geißelapparate hat; die früher erwähnte, elastische Achsenfaser steht mit ihm in direkter Verbindung, ihre Bildung geht vom Blepharoblasten aus. Bei jenen Flagellaten, denen ein typischer, chromatinführender Blepharoblast fehlt, stehen die Achsenfäden der Geißeln mit kleinen Körnchen in Verbindung; wir können diese Basalkörperchen als reduzierte Blepharoblaste ansehen, als Blepharoblaste, die des Chromatins verlustig gegangen sind.

Die Vermehrung der Mastigophoren erfolgt auf dem Wege der Teilung, wobei alle die früher auf Seite 12 angeführten Modifikationen derselben in Betracht kommen

Kopulationsvorgänge sind hierbei häufig beobachtet worden, besonders komplizierte Entwicklungszyklen finden wir bei den Parasiten.

Da der Bau der Flagellaten ein erheblich komplizierterer ist als der der Sarkodinen, so werden sich auch die Teilungsvorgänge komplizierter gestalten. Die Teilung, welcher eine Encystierung vorangehen kann, ist fast stets eine Längsteilung. Der Kern resp. die Kerne teilen sich mitotisch; was geschieht nun aber mit den Geißeln, den kontraktilen Vakuolen, dem Schlunde und den eventuell vorhandenen Stigmen? In manchen Fällen gehen dieselben auf das eine Tochterindividuum über, an dem zweiten werden sie neu gebildet; in anderen Fällen tritt eine Rückbildung aller der genannten Teile vor, eine Neubildung nach der Teilung ein; es liegen aber auch Beobachtungen vor, welche dartun, daß sich Geißeln und Schlund gleichzeitig mit dem Körper teilen können, und endlich wurde auch eine Verteilung der vorhandenen Geißeln auf die Tochtertiere und eine Neubildung der fehlenden festgestellt. Sind zahlreiche Chromatophoren vorhanden, so erhält jedes Tochterindividuum die Hälfte derselben zugewiesen, ist die Zahl eine geringe, so findet eine Teilung statt.

Besonders instruktive und übersichtliche Beispiele von Entwicklungszyklen bieten uns die Phytomonadinen, ich wähle Pandorina und Volvox.

Pandorina tritt in Form von Kolonien auf; 16 oder 32 Individuen sind in eine gemeinsame Gallerthülle eingeschlossen, eine innigere Verbindung zwischen den Einzelindividuen besteht jedoch nicht. Zur Zeit der Vermehrung teilen sich sämtliche Individuen einer Kolonie sukzessive in 2, 4, 8, 16 eventuell 32 Tochterindividuen. Eine jede solche Gruppe, deren also 16 resp. 32 vorhanden sind, bildet eine neue Kolonie, die sich mit einer Gallerthülle umgibt; die Hülle der Mutterkolonie löst sich auf, die Tochterkolonien schwärmen aus. Dieser Vorgang kann sich des öfteren wiederholen, dann aber treten Kolonien auf, deren Einzelindividuen sich nur in 8 Tochtertiere teilen; diese aus 8 Individuen bestehenden Kolonien lösen sich auf, die Einzeltiere schwärmen umher und vereinigen sich paarweise mit denen anderer derartiger Kolonien, sie kopulieren, verhalten sich also ganz so wie die Schwärmsprößlinge von Polystomella. Die verschmolzenen Paarlinge bezeichnet man als Kopula oder Zygote; im vorliegenden Falle umgibt sich die Zygote mit einer Hülle, durchläuft ein Ruhestadium und bildet alsdann eine jener Kolonien, von welcher wir ausgingen.

Die kugeligen Kolonien von Volvox erreichen eine Größe von fast 1 mm und bestehen aus Hunderten und Tausenden von Individuen, welche in einer Schicht an der Peripherie der Kugel angeordnet und in eine Gallertsubstanz eingebettet sind, die auch das Zentrum der Kolonie erfüllt. Ein jedes Individuum ist hier, im Gegensatz zu Pandorina, mit den benachbarten durch Plasmabrücken verbunden, und nur wenige, durch besondere Größe ausgezeichnete Einzeltiere haben die Fähigkeit, sich zu vermehren und durch Teilung neue Kolonien zu erzeugen, die übrigen gehen zugrunde, sie sterben. Von Zeit zu Zeit werden Kolonien beobachtet, die man als geschlechtliche zu bezeichnen pflegt; die in ihnen enthaltenen Geschlechtsindividuen sind von zweierlei Art, die einen teilen sich in zahlreiche kleine, spindelförmige Sprößlinge, welche Mikrogameten genannt werden, die anderen unterliegen keiner weiteren Teilung, es treten aber bei ihnen eigentümliche Veränderungen am Kerne ein, das sind die Makrogameten. Mikro- und Makrogameten entsprechen den Schwärmsprößlingen von Pandorina, und es vereinigen sich je ein Mikro- und Makrogamet zu einer Zygote, aus welcher sich nach einiger Zeit eine der zuerst erwähnten Kolonien entwickelt.

Mit Rücksicht auf die innige Verbindung der einzelnen Individuen in den Volvoxkolonien und in Anbetracht der Differenzierung in sterile und Fortpflanzungs-Individuen können wir eine solche Kolonie mit gutem Recht auch als ein vielzelliges Individuum auffassen und werden dann von der Vermehrung dienenden, propagativen, und sterilen oder somatischen Zellen zu sprechen haben.

Anm.: Jene Individuen (oder Zellen), welche kopulieren, nennt man im allgemeinen Gameten; sind sie gleich gestaltet und von gleicher Größe, so heißen sie Isogameten (Polystomella, Pandorina), Anisogameten, wenn sie in bezug auf Gestalt und Größe verschieden sind (Volvox), und zwar bezeichnet man speziell die kleinen Formen als Mikro-, die großen als Makrogameten. Die Mutterindividuen der Gameten führen den Namen Gamonten; die der Makrogameten werden gewöhnlich Makrogametocyten, die der Mikrogameten Mikrogametocyten genannt. Der Makrogametocyt wird zum Makrogameten durch Ausstoßen von Kernsubstanz, der Mikrogametocyt erzeugt dagegen eine Anzahl Mikrogameten durch Teilung.

Die Klasse der Mastigophoren wird in drei Unterklassen eingeteilt:

1. U.-Kl.: **Euflagellata.** Kleine, durchschnittlich 10—100 μ lange Flagellaten mit zumeist nur wenigen, selten zahlreichen Geißeln, die nach vorn oder hinten gerichtet sein können, von denen aber keine den Körper ringförmig umgibt. Mit oder ohne Chromatophoren.

1. O.: **Protomonadina.** Sehr kleine, zum Teil kolonienbildende Formen ohne Chromatophoren und Stigmen; mit 1—3 Geißeln, an Stelle einer Geißel zuweilen eine undulierende Membran. Von den zahlreichen Formen seien erwähnt: Die Rhizomastigidae, welche noch die Fähigkeit haben, Pseudopodien zu bilden, mittels deren sie die Nahrung aufnehmen. Mastigamoeba mit 1 Geißel. Süßwasser.

Eine wichtige Rolle in der Medizin spielen die im Blute verschiedener Tiere lebenden Trypanosomatiden. Sie besitzen eine oder zwei Geißeln, von denen die eine in den Randsaum der undulierenden Membran übergeht, und neben dem Hauptkerne ist ein Bewegungskern vorhanden. Der sehr komplizierte Entwicklungszyklus ist nur für wenige Arten (Haemoproteus noctuae z. B.) genauer bekannt und verteilt sich im allgemeinen auf zwei Wirte; der eine Wirt ist ein wirbelloses Tier (Fliegen, Mücken, Läuse, Milben), der andere ein Wirbeltier. In dem ersteren finden wir die Parasiten im Darme resp. in der Leibeshöhle, in dem letzteren im Blute. Trypanosoma Lewisi Ratte — Rattenlaus (Haematopinus spinulosus). Tr. gambiense (Fig. 9); Mensch — Glossina palpalis, Tse-tse (Fliege). Dieses Trypanosoma ist der Erreger der Schlafkrankheit. Afrika.

Andere Trypanosomaarten (T. Brucei, Evansi, Theileri) richten unter den Haustieren Afrikas und Indiens oft ungeheure Verwüstungen an.

Haemoproteus noctuae; Steinkauz — Stechmücke (Culex pipiens). Hier dürften auch die Spirochäten, von denen Sp. pallida als Erreger der Syphilis betrachtet wird, anzuschließen sein.

Durch den Besitz eines hyalinen, kragenartigen Plasmasaumes am Vorderende sind die Choanoflagellaten charakterisiert. Gleich den Dendromonadinen bilden sie häufig Kolonien, die eine bedeutende Größe erreichen können.

2. O.: **Polymastigina.** Teils frei, teils parasitisch lebende Euflagellaten mit mehr als 3 Geißeln; ohne Chromatophoren; Lamblia intestinalis; Körper birnenförmig, 4 Paare von Geißeln. Nicht selten im Darme verschiedener Säugetiere, auch des Menschen. Trichomonas; mit 3 Geißeln und einer undulierenden Membran.

Die Euglenoidina (3. O.), Chromomonadina (4. O.) und Phytomonadina (5. O.) enthalten oder bestehen ausschließlich aus Formen, welche Chromatophoren führen und sich holophytisch ernähren. Die genannten Mastigophoren sind insofern von besonderem Interesse, da bei ihnen tierische und pflanzliche Charaktere nebeneinander auftreten. Wir bewegen uns hier auf dem Grenzgebiete der beiden großen Reiche, des Tier- und Pflanzenreiches, die nicht scharf voneinander getrennt sind, sondern eine gemeinsame Wurzel haben.

Die Euglenoidinen besitzen 1 oder 2 Geißeln am Vorderende, Mund und Schlundbildungen sind meist, Stigmen häufig vorhanden. Chromatophoren verschiedenartig gestaltet, gewöhnlich zahlreich.

Euglena viridis, Geißel so lang wie der spindelförmige Körper (50—60 μ), Chromatophor sternförmig, 1 Stigma. Häufig in Wasserlachen.

E. sanguinea ist durch einen besonderen Farbstoff (Hämatochrom) rot gefärbt und tritt zuweilen in solchen Massen auf, daß das Wasser rot gefärbt erscheint. In stehendem Wasser. An die Eugleninen schließen sich die der Chromatophoren entbehrenden Peraneminen und die saprophytisch lebenden Astasiinen an.

Die Chromomonadinen (Fig. 8) sind zumeist leicht kenntlich an 2 großen, plattenförmigen, braun oder grünlichbraun gefärbten Chromatophoren. Mund und Schlund fehlen den Chrysomonadinen, dieselben sind hingegen sehr gut ausgebildet bei den Cryptomonadinen.

Dinobryon; kolonienbildend; die Einzeltiere mit einem Gehäuse versehen.

Die Phytomonadina sind einzeln lebende oder kolonienbildende, von einer besonderen Hülle umgebene Formen, charakte-

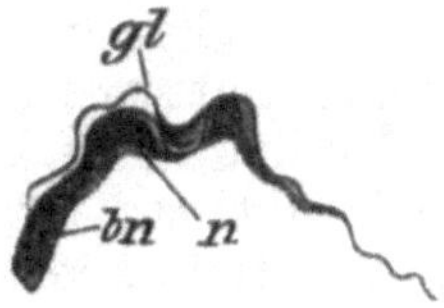

Fig. 9. Trypanosoma gambiense, aus Braun nach Dutton. bn Bewegungskern, gl Geißel und Randsaum der undul. Membran, n Kern.

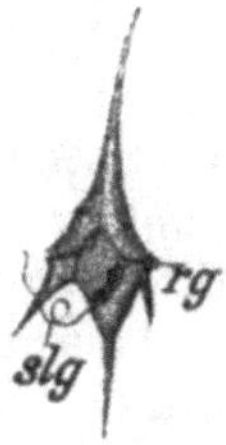

Fig. 10. Ceratium macroceros, aus Ludwig-Leunis. rg Ringgeißel, slg Schleppgeißel.

risiert durch 2 (selten 4—8) Geißeln und ein großes, becherförmiges, grünes Chromatophor; meist 1 Stigma. Mundlos.

Haematococcus; einzellebend, Hülle weit abstehend, 2 Geißeln, durch Hämatochrom oft rot gefärbt. H. pluvialis veranlaßt zuweilen die Rotfärbung von Wasser und Schnee infolge massenhaften Auftretens.

Zu den kolonienbildenden Phytomonadinen gehören Pandorina, Eudorina, Stephanosphaera und Volvox.

2. U.-Kl.: **Dinoflagellata.** Die Dinoflagellaten, auch Cilioflagellaten genannt, sind mit 2 Geißeln versehen (Fig. 10), von denen die vornehmlich für die Bewegung in Betracht kommende nach hinten gerichtet ist (Längs- oder Schleppgeißel), während die andere den Körper ringförmig umgibt (Quergeißel). Charakteristisch für diese Flagellatengruppe ist fernerhin ein nur sehr selten fehlender, aus Cellulose oder einer celluloseähnlichen Substanz

bestehender Panzer, welcher zumeist aus kleinen Täfelchen zusammengesetzt ist. Die Quergeißel liegt in einer Furche des Panzers, welche den Körper ungefähr in der Mitte ringartig umgibt, eine auf der ventralen Seite des Tieres befindliche Längsfurche enthält die Schleppgeißel. An jener Stelle, an welcher sich die beiden Furchen schneiden, wird der Panzer von einem Spalt durchbrochen, durch welchen die Geißeln hervortreten, und hier mündet auch die kontraktile Vakuole nach außen. Chromatophoren scheinen fast stets vorhanden zu sein, ihre Zahl und Form variiert nach den Arten. Die Dinoflagellaten leben zum Teil im Meere, zum Teil im süßen Wasser; von den letzteren seien erwähnt: Peridinium, kugelig oder eiförmig; Ceratium, Panzer mit hornartigen Fortsätzen, deren gewöhnlich 3 vorhanden sind; auch marin. Manche Dinoflagellaten haben das Vermögen zu leuchten; in besonders hohem Maße gilt dies von Pyrodinium bahamense, der Leucht-Peridinee des „Feuersees" von Nassau, Bahamas (Plate). Der Sitz des Leuchtvermögens scheinen Öltröpfchen zu sein.

3. U.-Kl.: **Cystoflagellata.** Diese sind nur durch 2 marine Formen: Noctiluca miliaris und Leptodiscus medusoides vertreten. Charakteristisch für beide ist die eigentümliche Beschaffenheit des Plasmas, das in der Umgebung des Kernes eine größere Ansammlung bildet, von der Plasmastränge gegen die Peripherie strahlen. Die Hauptmasse des Körpers wird von einer Flüssigkeit gebildet, die spezifisch leichter ist als Meerwasser und so das Flottieren ermöglicht. Leptodiscus ist von uhrglasförmiger Gestalt und besitzt nur eine kleine Geißel; Noctiluca ist pfirsichförmig und mit 2 Geißeln ausgestattet; Noctiluca vermag auf Reize hin ein zartes Licht auszustrahlen.

Zu den Flagellaten rechnet man auch die Catallacta mit dem Genus Magosphaera und fernerhin die Silicoflagellaten, welche ein Kieselskelett besitzen und parasitisch in Radiolarien leben.

3. Kl.: **Ciliata, Wimperinfusorien.**

Zu den anziehendsten mikroskopischen Untersuchungsobjekten gehören diese höchst organisierten Protozoen, deren formbeständiger, nicht mehr amöboid veränderlicher, aber doch häufig ungemein schmiegsamer, recht verschiedenartig, ei-, kegel-, becher-, glocken- oder bandförmig gestalteter Körper von zahlreichen kurzen Plasmafortsätzen (Cilien oder Wimpern) bedeckt ist. Die Cilien, deren Zahl zwischen einigen Hunderten (ca. 200 bei Coleps hirtus) und vielen Tausenden (ca. 3000 bei Paramaecium aurelia) schwankt, dienen der Bewegung und der Nahrungsaufnahme. Für beide Zwecke oder für einen von beiden kommen aber auch noch cilienartige Bildungen, die Cirren, fernerhin die Membranellen und undulierenden Membranen in Betracht. Die Cirren sind erheblich dicker und länger als die Cilien, etwa griffelförmig;

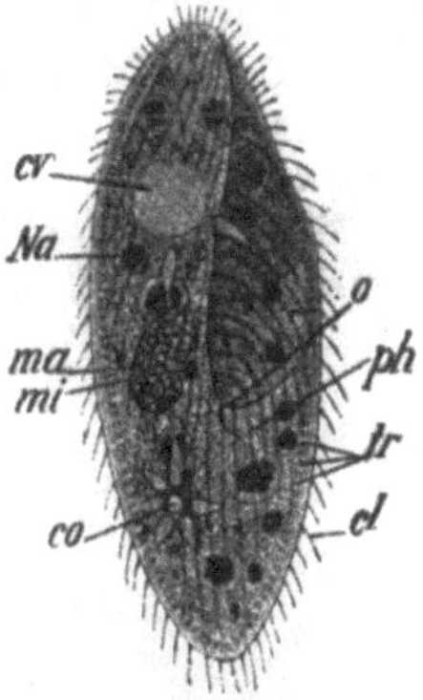

Fig. 11. Paramaecium caudatum, aus Lang. cl Cilien, cv kontrakt. Vakuole, ma Makronucleus, mi Mikronucleus, Na Nahrungsballen, o Mund, ph Schlund, tr Trichocysten.

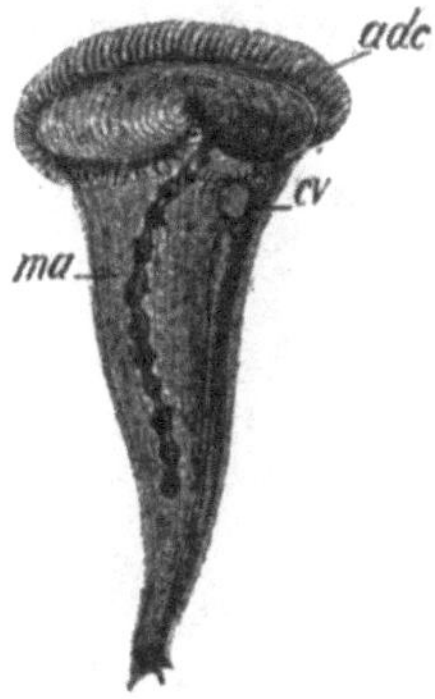

Fig. 12. Stentor polymorphus, aus Lang. adc adorale Wimperzone, cv kontraktile Vakuole, ma Makronucleus.

die Membranellen stellen drei- oder viereckige Blättchen dar, welche besonders in der Nähe des Mundes zu finden sind und hier die sogenannten adoralen Wimperzonen bilden; in der Nähe des Mundes sind auch die undulierenden Membranen, große Plasmasäume, zu suchen.

Bei jenen Ciliaten, welche wir Holotricha und Heterotricha nennen (Fig. 11, 12), sind die Wimpern in geraden oder schrägen Reihen angeordnet, die im allgemeinen von einem Körperpole zum anderen verlaufen. Sie führen in rhythmischen Intervallen streng koordinierte, schlagende Bewegungen aus und wirken wie kleine Ruder. Etwas abweichende Verhältnisse bieten die hypotrichen Infusorien (Fig. 13) dar: Bei diesen ist auf der etwas abgeflachten Ventralseite — als solche bezeichnet man diejenige, auf welcher der Mund gelegen ist — eine verhältnismäßig geringe Zahl von Cirren vorhanden, mit Hilfe deren die Tierchen rasch — wie auf Beinen — zu laufen vermögen; die auf der Rückenseite befindlichen steifen, unbeweglichen Cilien dienen wahrscheinlich als Tastborsten, für die Lokomotion kommen sie sicherlich nicht in Betracht. Sehr reduziert sind

Fig. 13. Stylonychia mytilus, nach Stein aus Grobben. a After, adc adorale Wimperzone, ma Makronucleus, mi Mikronucleus.

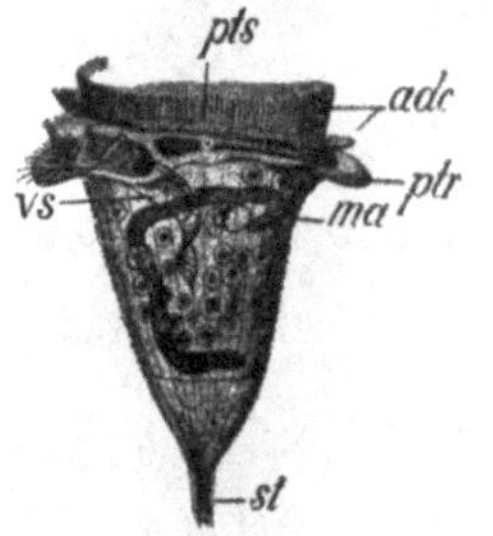

Fig. 14. Carchesium polypinum, aus Lang. adc adorale Wimperzone, ma Makronucleus, ptr Peristomrand, pts Peristomscheibe, st Stiel, vs Vestibulum.

die speziell lokomotorischen Apparate (die lokomotorischen Organellen) bei den Peritricha und Oligotricha. Die ersteren (Fig. 14) sind meist durch Stiele an der Unterlage befestigt; gelegentlich allerdings lösen sie sich von den Stielen los, um umherzuschwimmen, dann bilden sie einen Wimperkranz in der Nähe des hinteren Körperpoles; den Oligotrichen dienen die sehr ansehnlichen Cilien der adoralen Wimperzone sowohl zum Schwimmen als zum Herbeistrudeln der Nahrung.

Die Mundöffnung, an welche sich häufig eine röhrenförmige Einsenkung der äußersten Körperschicht, ein Schlund oder Cytopharynx, anschließt, liegt bei denjenigen Ciliaten, die wir als die ursprünglicheren betrachten, am vorderen Körperpole, sie rückt aber häufig von dieser Stelle ab und gegen die Körpermitte hin. Gewöhnlich senkt sich die Körperoberfläche in der Umgebung des Mundes mulden-, trichter- oder spaltförmig ein; man nennt eine derartige Einsenkung ein Peristom (Fig. 11, 12, 13) , in ihm finden wir häufig undulierende Membranen und besondere Cilienstreifen; den Rand des Peristoms umgibt die schon früher erwähnte, meist aus Membranellen bestehende adorale Wimperzone (Fig. 12—14 adc), welche bei den hetero-, hypo- und oligotrichen Formen eine links-, bei den peritrichen eine rechtsgewundene Spirale bildet. Den Holotrichen fehlt eine derartige Bildung, hier umstellen allenfalls etwas längere Cilien die Mundöffnung resp. den Peristomrand; zuweilen finden wir in der Umgebung des Mundes bei den Holotrichen eigentümliche, nadelförmige Gebilde (Trichiten), welche ausgestoßen werden können und eine lähmende Wirkung auf die Tiere, mit denen sie in Berührung kommen, ausüben.

Ähnliche Waffen, die Trichocysten, treffen wir, bei holotrichen Infusorien vornehmlich, am ganzen Körper an. Betrachtet man ein Paramäcium z. B. mit einer starken Vergrößerung, so bemerkt man im Ektoplasma, dicht unterhalb der Pellicula, parallel angeordnete, spindel- oder stäbchenförmige Körper, d. s. die Trichocysten (Fig. 11, tr); reizt man das Tier, so werden die Trichocysten hervorgestoßen und nehmen hierbei die Form höchst feiner Stäbchen an, die jetzt etwa 10mal so lang sind als im Ruhezustande.

Wie eben gesagt wurde, läßt sich hier und so bei allen Infusorien ein Ekto- und Entoplasma unterscheiden; das erstere zeigt gewöhnlich eine deutliche Differenzierung in zwei oder drei Schichten, deren äußerste die membranartige dünnere oder dickere Pellicula ist, in der tieferen Schicht liegen die Trichocysten. Diese repräsentieren jedoch nicht die einzigen besonderen Bildungen des Ektoplasmas, wir finden in demselben gar nicht selten kontraktile Fäserchen, veritable Muskeln, die, in der Längsrichtung des Körpers verlaufend, ein blitzschnelles Zusammenziehen desselben gestatten (Stentor, Spirostomum), oder ringförmig um das Peristom angeordnet, dieses zu verengen und zu schließen vermögen (Vorticellen); solche kontraktile Fäserchen sind es auch, welche den Vorticellen die korkzieherartige Einrollung des Stieles ermöglichen.

Die Assimilierung der Nahrung vollzieht sich in dem flüssigeren, oft stark vakuolisierten Entoplasma, welches in einer fortwährenden, regelmäßigen, rotierenden Bewegung begriffen zu sein scheint. Die unverdaulichen Reste werden durch eine besondere, häufig in der Nähe des hinteren Körperendes befindliche Afteröffnung ausgestoßen.

Ein oder zwei, seltener zahlreiche im Ektoplasma gelegene kontraktile Vakuolen befördern das überschüssige Wasser und die in demselben gelösten Exkretstoffe nach außen. In dem Augenblicke, in welchem eine Vakuole verschwindet, tritt an ihre Stelle eine neue infolge Zusammenfließens der sogenannten Bildungsvakuolen, die bei den Ciliaten im allgemeinen leichter zu beobachten sind als bei Sarkodinen und den meisten Mastigophoren; bei Paramaecium umgeben 8—10 solcher Vakuolen kranzartig die Hauptvakuole (Fig. 11), 2 sind bei Stentor (Fig. 12) vorhanden, eine nur bei Spirostomum; jede Bildungsvakuole setzt sich in einen mehr oder weniger feinen Kanal fort, durch welchen ihr die Flüssigkeit zugeleitet wird. Der Rhythmus, in welchem die Entleerung und Neubildung der pulsierenden Vakuolen erfolgt, ist nach den Arten ein verschiedener; Erhöhung der Temperatur beschleunigt die Frequenz, desgleichen auch Zusatz von Alkohol und gewissen Alkaloiden zum Wasser, Temperaturverminderung, Zusatz von Säuren und Salzen haben den entgegengesetzten Effekt.

Die Ciliaten besitzen Kerne von verschiedenem physiologischen Werte, Stoffwechselkerne und Geschlechtskerne; die ersteren werden, ihrer bedeutenderen Größe halber, gewöhnlich Makronuclei oder Großkerne, die letzteren Mikronuclei oder Kleinkerne genannt; die Zahl der einen wie der anderen variiert nach den Arten, und weiterhin entspricht selbst bei verwandten Formen die Zahl der Makronuclei durchaus nicht immer der der Mikronuclei; Paramaecium aurelia besitzt z. B. 1 Makronucleus und 2 Mikronuclei, P. caudatum 1 Makro- und 1 Mikronucleus.

Gestaltlich zeigen die Großkerne eine größere Mannigfaltigkeit als die Kleinkerne; die letzteren sind meist kugelig, die ersteren eiförmig, bandförmig, rosenkranzförmig usw.

Die Ciliaten vermehren sich durch Querteilung im freien, beweglichen Zustande oder nach vorausgegangener Encystierung. Recht eingehend sind diese Vorgänge bei Paramaecium untersucht worden, es möge diese Form daher als Beispiel dienen: Die am Zelleibe auftretenden Veränderungen beginnen mit einer Verlängerung des Mundes und der Bildung eines kleinen, sackförmigen Divertikels an der hinteren Fläche des Pharynx; dieses Divertikelchen entwickelt sich in der Folge zu einem neuen Pharynx, die Mundöffnung nimmt eine 8-ähnliche Gestalt an und schnürt sich in der Mitte durch, so daß nunmehr jeder Pharynx mit einem Munde versehen ist. Während dieser Zeit teilen sich auch die Kerne, der Makronucleus amitotisch, der Mikronucleus mitotisch. Anfänglich liegen die beiden Mundöffnungen und Pharyngen dicht beieinander, sie rücken aber allmählich immer mehr voneinander ab, sie verschieben sich; diese Verschiebung läßt sich auf ein lebhaftes Wachstum der zwischen beiden befindlichen Körperregion zurückführen. Eine in der Mitte dieser Zone, resp. des Tieres auftretende Ringfurche zerlegt schließlich das Paramaecium in die beiden Tochterindividuen; auf jedes derselben geht eine kontraktile Vakuole über, die andere wird neugebildet.

Komplizierter werden sich die Dinge natürlich bei jenen Formen gestalten, bei denen in größerem Ausmaße die Bildung besonderer, differenzierter Partien (Schlund, adorale Wimperzone) unabhängig von den entsprechenden vorhandenen vor sich geht (Stentor), oder bei welchen vor dem Beginne der Teilung weitgehende Rückbildungen eintreten; so soll beispielsweise bei hypotrichen Ciliaten eine Rückbildung der gesamten Bewimperung der Ventralseite statthaben.

Die Tochtertiere können unter günstigen Bedingungen sehr bald ihrerseits zur Vermehrung schreiten, und zwar hängt im allgemeinen die Schnelligkeit der aufeinanderfolgenden Teilungen ab von der Ernährung, der Temperatur und dem Temperamente der Art. Bei einer Temperatur von 15—17° C pflegt sich Paramaecium caudatum in 24 Stunden einmal, bei 17—20° dagegen zweimal zu teilen. Schließlich erlischt aber die Teilungsfähigkeit, die Tiere gehen zugrunde, wenn nicht eine zeitweilige Vereinigung zweier Individuen, bei welcher es zum Austausch vornehmlich von Kernsubstanzen kommt, eintritt; wir bezeichnen diese Art der geschlechtlichen Vereinigung als Konjugation, im Gegensatz zu der früher mehrfach betrachteten Kopulation, bei welcher es sich um eine totale Verschmelzung zweier Individuen handelte.

Betrachten wir den Vorgang bei Paramaecium.

Zwei zur Konjugation schreitende Individuen legen sich mit ihren Ventralseiten derart aneinander, daß Mund an Mund zu liegen kommt; eine Nahrungsaufnahme während der Dauer der Konjugation ist daher ausgeschlossen, überdies tritt auch eine Rückbildung der Pharyngen ein. Eine

Verschmelzung des Plasmas findet trotz der festen Aneinanderlagerung zunächst nicht statt, und erst zur Zeit des Kernaustausches bildet sich in der Mundgegend eine Plasmabrücke. Die Makronuclei unterliegen einem allmählichen Zerfall und spielen fürderhin keine Rolle mehr, sie werden schließlich ausgestoßen; die Mikronuclei hingegen teilen sich zweimal auf mitotischem Wege, so daß also in einem jeden Paarling deren 4 vorhanden sind; von diesen gehen (in einem jeden Paarling) 3 zugrunde, der vierte teilt sich nochmals, und von den beiden Tochterkernen wandert der eine, der sogenannte Wanderkern, in den anderen Paarling, während der zweite, der stationäre Kern, in dem Individuum bleibt, dem er ursprünglich angehörte. Je ein stationärer und ein Wanderkern vereinigen sich zu einem Kerne, den man als Synkaryon oder Frischkern bezeichnet. Nun lösen sich die Paarlinge voneinander und ein jeder bildet einen neuen Pharynx.

Nach der Konjugation besitzt jedes Paramaecium einen Kern, den Frischkern; dieser teilt sich und liefert den neuen Makro- und Mikronucleus. Auf die Einzelheiten dieser Teilungen und das, wie es scheint, etwas verschiedene Verhalten der entstehenden Tochterkerne bei verschiedenen Ciliaten soll nicht weiter eingegangen werden.

Die Konjugation dauert bei P. caudatum und P. aurelia 12 Stunden bei einer Temperatur von 20—25° C, sie erhöht sich für die letztgenannte Form auf 24 Stunden, wenn die Temperatur nur 15° C beträgt.

Die Fähigkeit zweier Individuen zu konjugieren, ist an gewisse Bedingungen geknüpft, doch lassen sich nach den vorliegenden Mitteilungen noch keine allgemein gültigen Regeln aufstellen. Nach Maupas dürfen die betreffenden Individuen nicht von demselben Muttertiere abstammen, es muß fernerhin Nahrungsmangel herrschen, und weiterhin müssen die Tiere konjugationsreif sein, d. h. es müssen eine Reihe von Generationen zwischen ihnen und dem Konjugationsakte des Muttertieres gelegen sein.

In systematischer Hinsicht spielt die Bewimperung eine große Rolle, und man unterscheidet mit Rücksicht hierauf 5 Ordnungen:

1. O.: **Holotricha.** Die Bewimperung ist gewöhnlich eine gleichmäßige, seltener sind die Cilien in Gürteln angeordnet oder auf eine Seite beschränkt; eine adorale Wimperzone fehlt.

Prorodon, kugelig oder eiförmig, gleichmäßig dicht bewimpert; Mund am Vorderende, Schlund mit Reusenapparat. Pseudoprorodon, mit Trichitenapparat hinter dem Munde. Coleps, tönnchenförmig, vorn abgestutzt, hinten abgerundet und mit einem Panzer versehen. Ichthyophthirius, in Hautpusteln verschiedener Süßwasserfische. Alle die genannten Formen sind Süßwasserbewohner.

Zu den häufigsten Formen zählen: Colpoda und Colpidium; Körper nierenförmig, mit einer Einbuchtung an der Bauchfläche, in welcher der Mund gelegen ist. Besonders in Heuaufgüssen. Paramaecium (Pantoffeltierchen) (Fig. 11), gestreckt oval, mit ansehnlichem, muldenförmigem Peristom auf der linken Seite der Bauchfläche; Mund etwas hinter der Körpermitte; 2 kontraktile Vakuolen, Trichocysten einen Saum längs des Körperrandes bildend. — Im Enddarme der Frösche und Kröten lebt Opalina, welche des Mundes, des Afters sowie der pulsierenden Vakuolen entbehrt und nur eine Art von Kernen besitzt.

2. O.: **Heterotricha.** Körper gleichmäßig bewimpert; die adorale, aus Membranellen bestehende Wimperzone links gewunden.

Spirostomum; Körper langgestreckt, wurmförmig, bis 3 mm lang, sehr kontraktil. Häufig im süßen Wasser. Bursaria; beutelförmig, vorn quer abgestutzt, Peristom außerordentlich groß, trichterförmig. Ebenda. Balantidium; birnenförmig, Peristom mäßig breit; B. entozoon, häufig im Mastdarm der Frösche.

Stentor (Trompetentierchen) (Fig. 12); Körper im ausgestreckten Zustande kegelförmig, im kontrahierten fast eiförmig. Mit Hilfe kleiner, pseudopodienartiger Fortsätze, welche an dem zugespitzten Hinterende auftreten, vermögen sich die Stentoren festzuheften, und manche Arten umgeben sich in diesem Zustande mit einem gallertartigen Gehäuse. St. polymorphus ist meist durch Zoochlorellen grün gefärbt; St. coeruleus besitzt eine zarte blaugrüne Farbe. Beide bilden auf Pflanzen, Holzstückchen usw. rasenartige Überzüge. Süßwasser.

3. O.: **Oligotricha.** Körper unbewimpert oder nur mit einzelnen stärkeren Wimpern resp. Wimperreihen versehen. Adorale Wimperzone links gewunden. Zuweilen mit gallertigen oder chitinigen Gehäusen.

Halteria; Körper kugelig, ohne Gehäuse. In Sumpfwasser.

4. O.: **Hypotricha.** Körper dorso-ventral abgeflacht, mit links gewundener adoraler Wimperzone auf der Bauchseite. Cirren und Cilien in Reihen oder Gruppen angeordnet.

Stylonychia; Peristom dreieckig; 8 Stirn-, 5 Bauch-, 5 After-, 3 Schwanz- und zahlreiche Randcirren (Fig. 13). St. mytilus bis $^1/_3$ mm lang, häufig.

5. O.: **Peritricha.** Unbewimpert, nur zuweilen in der Nähe des hinteren Körperendes ein Wimperkranz. Adorale Wimperzone mit wenigen Ausnahmen rechts gewunden; meist festsitzende, mit Gehäusen oder Stielen versehene, häufig koloniebildende Formen. Die Vorticellen (Fig. 14), welche die typischen Eigentümlichkeiten der peritrichen Ciliaten sehr schön zeigen, besitzen einen kegelförmigen Körper; der Rand der Kegelbasis, der Peristomrand (ptr), ist durch eine Furche von der Peristomscheibe (pts), welche von der adoralen Wimperzone umzogen wird, geschieden. An einer Stelle (rechts) vertieft sich die Furche trichterartig, und in der Tiefe dieses Trichters, des Vestibulums (vs), in das sich auch die adorale Wimperzone fortsetzt, liegt die Mundöffnung. Die Wimperzone selbst besteht aus zwei Reihen von Wimpern, die äußere wird vielleicht von Membranellen gebildet. Das Hinterende geht in einen Stiel über, welcher von einem Muskel durchzogen sein kann.

Vorticella; einzellebend; häufig infolge massenhaften Auftretens schimmelartige Überzüge bildend. Stiel mit Muskel.

Carchesium (Fig. 14) bildet ansehnliche Kolonien (bis 3 mm Höhe); die Muskeln in den Stielen der Einzeltiere hängen nicht zusammen. Epistylis; Stiel ohne Muskel.

Trichodina. Körper scheibenförmig, kegelförmig oder zylindrisch. Die basale Fläche, auf welcher das Tier kriecht, ist mit einem Haftapparate versehen. Ektoparasit auf Hydren, Planarien und Amphibien.

4. Kl.: **Suctoria, Sauginfusorien.**

Die Suctorien, von manchen Autoren mit den Ciliaten zur Klasse der Infusorien vereinigt, sind im allgemeinen festsitzende Protozoen, welche in der Jugend Cilien besitzen, im ausgebildeten Zustande aber derselben vollständig entbehren; charakteristisch sind für sie die zum Fangen und Aussaugen der Beute dienenden Tentakeln (Fig. 15, 16). Diese können, einzeln oder in Gruppen, an den verschiedensten Stellen des kugeligen, ovalen

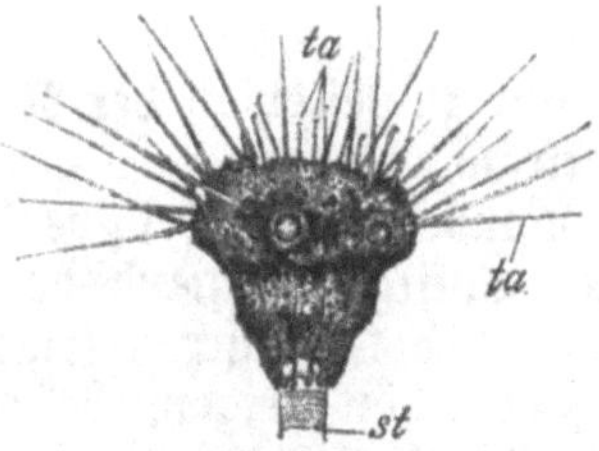

Fig. 15. **Ephelota gemmipara**, nach Hertwig aus Grobben. ta Saugröhrchen, st Stiel.

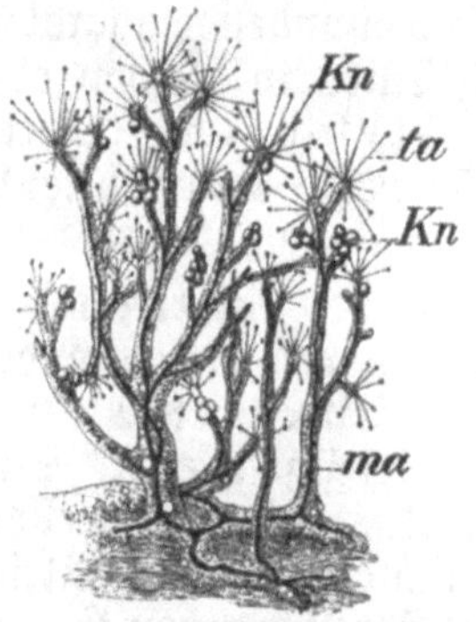

Fig. 16. **Dendrosoma radians**, nach Kent aus Lang. Kn Knospen, ma Makronucleus, ta Saugröhrchen.

oder reichverzweigten Körpers angebracht sein und stellen röhrenförmige, von einem feinen Kanal durchzogene, ektoplasmatische Gebilde von verschiedener Länge und Form dar; manche sind lang, zylindrisch und mit einem Endknöpfchen versehen (sog. Saugtentakeln), andere enden in einer Spitze (sog. Greiftentakeln), wieder andere sind kurz, dornenförmig, alle aber besitzen eine klebrige Oberfläche; kleine Tierchen bleiben zunächst an einem Tentakel haften, andere Saugröhrchen legen sich an die Beute an und saugen sie aus. Im Baue des Körpers, im Verhalten der Kerne schließen sich die Suctorien an die Ciliaten an, Mund und

Schlundbildungen fehlen natürlich. Die Stiele, mit welchen sich die Tiere anheften, sowie die oft vorhandenen gehäuseartigen Bildungen bestehen aus einer chitinähnlichen Substanz.

Neben einfacher Querteilung, die jedoch verhältnismäßig selten ist und ganz ähnlich wie bei den Ciliaten verläuft, wird Vermehrung durch Knospung überaus häufig beobachtet, und zwar unterscheidet man äußere und innere Knospung. Handelt es sich um die erstere, so bildet sich an einer Stelle des Muttertieres eine buckelartige Erhebung, in welche 2 von den 4 Tochterkernen, die durch Teilung des Makro- und des Mikronucleus entstanden sind, hineinrücken; hat die Knospe eine bestimmte Größe erreicht, so schnürt sie sich ab. Bei innerer Knospung tritt zunächst an der Oberfläche des Muttertieres eine kleine trichterartige Einsenkung, die Anlage der sog. Bruthöhle, auf, deren Ränder, allmählich in die Tiefe dringend, ein Stück, die Knospenanlage, aus dem Muttertiere herausschneiden; die Kerne verhalten sich wie bei der äußeren Knospung; wie dort, so entsteht weiterhin auch hier eine kontraktile Vakuole im neuen Sprößling, unabhängig von der des Muttertieres. In beiden Fällen entbehren die Tochterindividuen der Tentakeln, sie besitzen aber einen Cilienkranz, mit dessen Hilfe sie eine Zeitlang umherschwärmen, und erst nach dem Festheften und nach Verlust der Cilien erscheinen die Saugröhrchen. Treten gleichzeitig mehrere Knospen auf, so spricht man von einer multipeln Knospung, der ganze Verlauf ist natürlich derselbe wie bei der einfachen.

Die Suctorien sind Bewohner des Meeres und süßen Wassers, manche (Sphärophryen) leben parasitisch in Ciliaten.

Podophrya; kugelig, meist gestielt, Tentakeln geknöpft. Häufig. Süßwasser. Dendrosoma (Fig. 16); strauchartig, bis 2,5 mm hoch, mit reichverzweigtem Makronucleus. Auf Wasserpflanzen.

5. Kl.: **Sporozoa, Sporentierchen.**

Die Sporozoen, ausschließlich parasitisch lebende Protozoen, stellen keine einheitliche, natürliche Gruppe dar; die vorhandenen Übereinstimmungen, welche zur Aufstellung dieser Gruppe führten, sind durch die Lebensweise bedingt. Manche Sporozoen, die Cnidosporidien zum Teil, besitzen einen amöboid veränderlichen Körper; eine eiförmige oder kugelige, wenig veränderliche Gestalt ist den Coccidien eigen, zylindrischen, spindel- und bandartigen Formen begegnen wir bei den Gregariniden; in Form ansehnlicher Cysten und Schläuche treten uns die Sarkosporidien und manche Cnidosporidien entgegen.

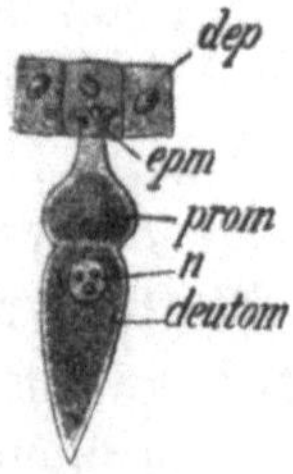

Fig. 17. **Corycella armata**, nach L. Léger aus Lang. **deutom** Deutomerit, **epm** Epimerit, **prom** Protomerit, **n** Kern, **dep** Darmepithel des Wirtes.

Der Körper der Gregariniden, von denen wir ausgehen wollen, besteht häufig aus 2 oder 3 hintereinanderliegenden Abschnitten, von welchen der vorderste, der Epimerit (Fig. 17, epm), meist nur bei jugendlichen Individuen vorhanden ist und zur Anheftung dient; er ist dementsprechend häufig mit hakenartigen Fortsätzen ausgestattet. Der zweite Abschnitt (prom) heißt Protomerit, der dritte, größte, ist der Deutomerit (deutom), in diesem ist der Kern gelegen. Eine Differenzierung des Plasmas in ein Ekto- und Entoplasma ist bei vielen Gregarinen deutlich ausgeprägt. Die äußerste Schicht des Ektoplasmas, die Pellicula, umgibt membranartig den ganzen Körper; auf sie folgt eine Lage einer gallertigen Substanz, welche für die Lokomotion von Bedeutung ist, und an diese Gallertschicht schließt sich das Ektoplasma im engeren Sinne an; Pellicula und Gallertsubstanz sind ja eigentlich Abscheidungs- resp. Umwandlungsprodukte des Ektoplasmas. Das Entoplasma, welches den größten Teil der

Körpersubstanz ausmacht, ist dicht erfüllt von kleinen Körnchen, die vornehmlich aus Paraglykogen bestehen und als Reservematerial gedeutet werden.

Betrachtet man eine dahingleitende Gregarine, so fällt es auf, daß der Körper des Tieres selbst gar keine Bewegungen zeigt und nur dann, wenn er auf ein Hindernis stößt, geknickt wird; dieses geradlinige Gleiten wird dadurch bedingt, daß die früher erwähnte Gallertsubstanz durch feine Poren in der Pellicula austritt und rasch erstarrende Fäden bildet, die infolge neuer Anlagerung von Gallerte immer länger werden und so das Tier passiv vorwärts schieben. Ein Teil der Gregarinen ist allerdings mit zirkulär angeordneten, zwischen Ekto- und Entoplasma gelegenen, zarten kontraktilen Fibrillen versehen; diese gestatten leichte Biegungen und Veränderungen der Form.

Viele Cnidosporidien zeigen eine ähnliche Differenzierung des Plasmas in Ekto- und Entoplasma, wie sie für die Amöben beschrieben wurde; höchstens angedeutet ist eine solche bei den Coccidien und Hämosporidien, meist fehlt sie aber vollständig. Auf die eigentümlichen diesbezüglichen Verhältnisse der Sarkosporiden wird späterhin eingegangen werden.

Es ist bei allen Sporozoen stets ein mit einem großen, chromatinhaltigen Binnenkörper oder Caryosom versehener Kern vorhanden, der sich allerdings bei den Cnidosporidien und Sarkosporidien schon sehr früh teilt, so daß diese Formen fast stets mehrkernig angetroffen werden.

Kontraktile Vakuolen fehlen, desgleichen auch Mund und Schlundbildungen; die Nahrungsaufnahme vollzieht sich auf osmotischem Wege.

Schaudinn hat die **Sporozoa** in 2 große Gruppen eingeteilt, die Telosporidia und Neosporidia; die ersteren vermehren sich erst am Ende ihres individuellen Lebens, bei den letzteren beginnt die Vermehrung, die Sporenbildung, schon während desselben, der Körper des Tieres wächst während dieser Zeit weiter. Zu den Telosporidia gehören die im Darm, in der Leibeshöhle, überhaupt in Körperhöhlen sich aufhaltenden Gregariniden, die stets Zellen bewohnenden Coccidien und die im Blute lebenden Hämosporidien, die allerdings, wie besonders hervorgehoben sei, von manchen Autoren, so von Hartmann, zu den Flagellaten gerechnet werden und dort den Trypanosomatiden anzuschließen wären.

Die Neosporidien umfassen die Cnidosporidien und Sarkosporidien.

Einige konkrete Beispiele mögen die komplizierten Entwicklungszyklen der Sporozoen veranschaulichen. Wir gehen dabei von Coccidium Schuhbergi aus, welches in den Darmzellen des Tausendfüßlers Lithobius forficatus lebt und dessen Entwicklungsgang von Schaudinn genau erforscht wurde. Hat der Parasit seine definitive Größe erreicht (Fig. 18, V), so teilt sich der Kern desselben sukzessive in eine ansehnliche Anzahl von Tochterkernen, die an die Peripherie rücken, und es zerfällt das periphere Plasma in so viele Portionen, als Kerne vorhanden sind (VI); die einzelnen Portionen lösen sich von dem zentralen Plasma, das keine Rolle mehr spielt und als Restkörper bezeichnet wird, los, nehmen eine spindelförmige Gestalt an (VII) und werden so zu Keimlingen oder Merozoiten, die in neue Darmzellen eindringen und in diesen wieder zu kugeligen Parasiten (Schizonten) anwachsen (II—IV). Der geschilderte Prozeß kann sich des öfteren wiederholen, dann aber treten Merozoiten auf, die nicht zu gewöhnlichen Parasiten (Schizonten) werden, sondern zu Individuen, welche sich von den letzteren durch Besonderheiten des Plasmas unterscheiden; es sind dies die Geschlechtsindividuen, die Mikro- und Makrogametocyten. Aus einem Mikrogametocyten (IX, XI a—e) gehen durch Teilung eine Anzahl fadenförmiger, mit zwei Geißeln versehener Mikrogameten (XI e) hervor, jeder Makrogametocyt (VIII, X a—c) wird durch Ausstoßen von Kernsubstanzen zum Makrogameten (X c) und übt als solcher einen eigentümlichen Reiz auf die

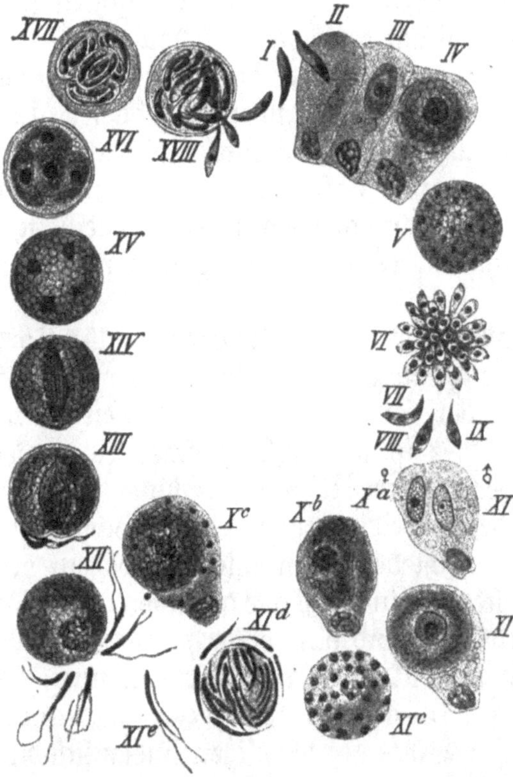

Fig. 18. Entwicklungskreis von Coccidium Schubergi, aus Lang nach Schaudinn. Erklärung im Text.

Mikrogameten aus, die ihn umschwärmen (XII) und in ihn einzudringen versuchen. Ein Makrogamet und ein Mikrogamet kopulieren, sie bilden eine Zygote, welche sich mit einer festen Hülle umgibt und gewöhnlich als Oocyste bezeichnet wird (XIII, XIV). Die Zygote teilt sich in 4 Tochterzellen, Sporoblasten (XV), deren jede durch Ausscheidung einer festen Hülle zur Spore (XVI) wird. Durch weitere Teilung gehen aus den Sporoblasten die Sporozoiten oder sichelförmigen Keime hervor, und zwar zerfällt im vorliegenden Falle jeder Sporoblast in 2 Sporozoiten (XVII). Die Oocysten und mithin auch die in ihnen enthaltenen Sporen resp. Sporozoiten werden mit den Fäzes nach außen entleert und dienen zur Infektion anderer Lithobien, in welche sie mit der Nahrung gelangen. Infolge der Einwirkung der Darmsäfte platzen die Cystenhüllen, die Sporozoiten werden frei (XVIII, I, II) und dringen in Darmzellen ein, in welchen sie zum Parasiten (Schizonten), von dem wir ausgingen, anwachsen.

Ähnlich dürfte der Entwicklungsgang aller Coccidien verlaufen. Unterschiede zwischen den Arten ergeben sich bezüglich der Zahl der Sporen und der in diesen sich bildenden Sporozoiten; dies ist von systematischer Wichtigkeit.

Eine unverkennbare Übereinstimmung mit dem Entwicklungszyklus der Coccidien zeigt der der Hämosporidien. Die bestehenden Verschiedenheiten lassen sich daraus erklären, daß die Sporoblasten nie in das Freie gelangen, also keiner schützenden Hülle bedürfen, und daß weiterhin die ganze Entwicklung auf 2 Wirte verteilt ist. Einer der bekannten Erreger der Malaria, das Plasmodium praecox, sei zum Vergleiche angezogen. Im Blute des Menschen finden sich die Parasiten in den roten Blutkörperchen. Nach Erreichung der typischen Größe teilt sich der Kern in 8—25 Tochterkerne und in ebenso viele Stücke zerfällt, unter Zurücklassung eines kleinen Restkörpers, der Plasmaleib. Die so entstandenen Merozoiten dringen in neue Blutkörperchen ein, wachsen an, vermehren sich und so fort. Dann treten, ähnlich wie bei Coccidium, Generationen auf, die sich von den früheren unterscheiden und zwar durch eine halbmondförmige Gestalt, das sind die Geschlechtsindividuen, die Mikro- und Makrogametocyten. Diese müssen aber zu ihrer weiteren Entwicklung in den Darm einer blutsaugenden Mücke, und zwar einer Anopheles-Art, übertragen werden. Aus den Mikrogametocyten entstehen wie bei Coccidium die Mikrogameten, die Makrogametocyten werden durch Ausstoßen von Kernsubstanzen zu den Makrogameten. Ein Mikrogamet und ein Makrogamet verschmelzen zu der in diesem Falle beweglichen, wurmförmigen Zygote, Ookinet genannt; der Ookinet dringt in die Darmwand ein und siedelt sich zwischen dem Darmepithel und der den Darm umgebenden Membran (Membrana elastico-muscularis) an, wächst allmählich gewaltig heran und gewinnt eine eiförmige Gestalt. Der Kern des Ookineten teilt sich in Hunderte, ja Tausende von kleinen Tochterkernen, die von einer Plasmahülle umgeben werden und die fadenförmigen Sporozoiten darstellen. Diese gelangen durch Platzen der Kapsel, welche von der Membrana elastico-muscularis gebildet wird, in die Leibeshöhle der Mücke, dringen von hier in die Speicheldrüsen ein und werden alsdann beim Stechen mit dem Speichelsekret in das Blut des Menschen übertragen. Im roten Blutkörperchen wird der Sporozoit zum Parasiten.

Etwas anders gestalten sich die Dinge bei den Gregarinen. Gregarinen, welche zur Vermehrung schreiten, legen sich aneinander, runden sich ab und umgeben sich mit einer gemeinsamen Hülle. Trotz dieser dichten Aneinanderlagerung scheint aber ein Austausch von Kern- und Plasmasubstanzen nicht stattzufinden. Die Kerne der encystierten Individuen teilen sich in zahlreiche Tochterkerne, welche an die Peripherie rücken und hier von einer geringen Plasmamenge umgeben werden; die so entstandenen Zellen lösen sich von dem zentraleren Plasma, das einen großen Restkörper bildet, los und stellen die Gameten dar; diese kopulieren und verschmelzen zur

Zygote, die sich mit einer dicken Hülle umgibt und hierdurch zu einer nach den Arten sehr verschiedenartig geformten Cystozygote oder Spore, bei den Gregarinen auch Pseudonavicelle genannt, wird. In manchen Fällen sind die kopulierenden Gameten Isogameten, in anderen Anisogameten; dies Verhalten ist insofern von Bedeutung, als sich für den letzteren Fall feststellen ließ, daß die zur Zygote sich vereinenden Gameten von den beiden, also verschiedenen Eltern abstammen. Der von der Sporenhülle umschlossene Sporoblast teilt sich gewöhnlich in 8 sichelförmige Keime (Sporozoiten), die zur Infektion neuer Wirtstiere dienen. Die Übertragung der Sporen dürfte im allgemeinen mit der Nahrung erfolgen; die Sporozoiten dringen zunächst in Zellen ein, die sie aber späterhin, nach Erreichung einer bestimmten Größe, verlassen.

Zur Systematik der Telosporidien sei noch folgendes bemerkt (s. S. 43):

1. U.-Kl.: **Telosporidia.**

1. O.: **Gregarinida.** In der Leibeshöhle und im Darme wirbelloser Tiere. Gregarina (Clepsidrina) blattarum, im Darme der Küchenschabe (Periplaneta orientalis); G. polymorpha, im Darme der Mehlkäferlarve (Tenebrio molitor). Beide Formen zeigen eine Differenzierung des Körpers in Epi-Proto-Deutomerit. Monocystis magna, M. tenax (agilis) in den Samenblasen des Regenwurms; Körper einfach.

2. O.: **Coccidia.** Zellenschmarotzer in verschiedenen Organen (Darm, Leber, Niere usw.) von Wirbeltieren und Wirbellosen. Coccidium Schuhbergi, im Darme von Lithobius forficatus. C. cunniculi (oviforme), im Darm und in der Leber des Menschen, Kaninchens und Rindes, bei letzterem die „rote Ruhr" hervorrufend. C. avium lebt in den Darmepithelzellen verschiedener Vögel und veranlaßt schwere Erkrankungen.

3. O.: **Haemosporidia.** Blutparasiten. Plasmodium praecox, vivax (immaculatum) und malariae, Erreger der Malaria.

2. U.-Kl.: **Neosporidia.**

1. O.: **Cnidosporidia.** Die Cnidosporidien leben entweder in den Höhlungen von Organen (der Gallenblase, Harnblase) und

sind alsdann amöboid beweglich, oder sie halten sich in und zwischen den Zellen derselben auf und geben in diesen Fällen nicht selten Anlaß zur Bildung von Cysten (Fig. 19) und Geschwülsten. Charakteristisch für alle Cnidosporidien ist die Entstehung und der Bau der Sporen. Gebildet werden die Sporen zu zweit oder zu mehreren in sogenannten Pansporoblasten, das sind besondere Plasmabezirke, welche sich um einen Kern von dem übrigen Plasma scharf abgrenzen. Jede Spore (Fig. 19, sp) besteht aus einer meist zweiklappigen Schale, einem Keimling (dem Amöboidkeim) und 2—4 Polkapseln (po). Diese letzteren enthalten in ihrem Innern einen aufgerollten Faden, welcher bei der Übertragung der Spore in den Darm des Wirtes hervorgeschnellt wird und so dieselbe förmlich an der Darmwand verankert; dann springt die Schale auf und der Amöboidkeim (am) schlüpft aus. Wahrscheinlich gelangt er zunächst in die Blutbahnen, um sich alsdann an einem passenden Orte anzusiedeln.

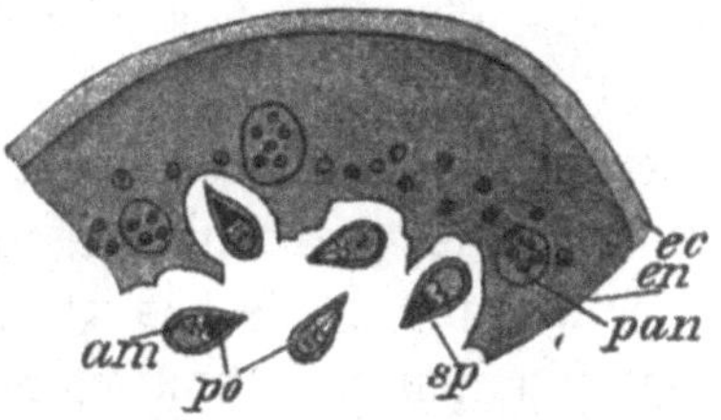

Fig. 19. Teil eines Tumors, gebildet von Myxosoma dujardini, nach Thélohan aus Lang. am Amöboidkeim, ec Ektoplasma, en Entoplasma, pan Pansporoblast, po Polkapsel, sp Spore.

Manche der hierher gehörigen Formen sind für Industrie und Landwirtschaft von großer Bedeutung: Nosema (Glugea) bombycis ist der gefürchtete Erreger der Pebrine oder Seidenraupenkrankheit. Myxobolus cyprini, in der Niere der Karpfen, ruft die sogenannte Pockenkrankheit, Myxobolus Pfeifferi, in der Niere der Barben, die Barbenseuche hervor.

2. O.: **Sarcosporidia.** Diese eigentümlichen, noch wenig bekannten Parasiten bewohnen die Muskeln verschiedener Wirbeltiere, besonders des Schafes, Schweines und gelegentlich auch des Menschen. Sie sind von schlauchförmiger oder kugeliger Gestalt und erreichen eine Länge von 3 mm bis 2 cm. Ihr Inneres ist erfüllt von überaus zahlreichen sichelförmigen Körperchen, die als Sporen gedeutet werden. Sarcocystis miescheriana, in den Muskeln des Schweines.

Metazoa.

Der Körper der Metazoa besteht, wie schon eingangs hervorgehoben wurde, aus zahlreichen, in bezug auf Bau und Leistung verschiedenartigen, in einer bestimmten Richtung differenzierten und in Schichten (Blättern), deren mindestens 2 vorhanden sind, angeordneten Zellen. Der Unterschied zwischen den Protozoen und Metazoen, selbst den einfachst gebauten, den Spongien und Nesseltieren, ist demnach ein sehr bedeutender, wobei weniger auf die Zahl der Zellen als auf deren verschiedenartige Differenzierung Gewicht zu legen ist. Es ist daher begreiflich, daß man nach Formen gesucht hat, die eine vermittelnde Stellung zwischen den beiden großen Gruppen des Tierreiches einnehmen. Es gibt nun tatsächlich verhältnismäßig einfach gebaute Tiere, welche die bestehende Lücke bis zu einem gewissen Grade auszufüllen scheinen und von manchen Forschern unter dem bezeichnenden Namen **Mesozoa** zwischen die Protozoen und Metazoen gestellt werden. Manche dieser „Mesozoen" sind nur wenig bekannt, z. B. Salinella salve, andere, die Dicyemiden und Orthonectiden, leben parasitisch, und in diesem Falle ist es sehr schwierig zu entscheiden, ob der einfache Bau etwas Ursprüngliches, Primäres ist, oder ob er durch Anpassung an die parasitische Lebensweise entstand, mithin auf Rückbildung beruht.

Salinella, ein kleines, wurmförmiges, in Salinen Argentiniens aufgefundenes Tierchen, besitzt allerdings, wie es scheint, einen höchst einfachen Bau; leider wurde es bisher nur einmal beobachtet, und es bedarf weiterer Untersuchungen, um ein sicheres Urteil über die systematische Stellung zu fällen.

Die in Cephalopoden lebenden Dicyemiden sowie die in Würmern und Echinodermen schmarotzenden Orthonectiden werden von manchen Autoren als geschlechtsreif gewordene Larven von Nesseltieren, von anderen als sehr stark rückgebildete Saugwürmer, wieder von anderen als wirkliche Mesozoen aufgefaßt; die systematische Position dieser Organismen ist, wie man sieht, eine sehr umstrittene, und gleiches gilt von den übrigen sogenannten Mesozoen.

Von größtem Interesse sind jedenfalls auch, wenn wir uns nach Bindegliedern zwischen Protozoen und Metazoen umschauen, Organismen wie die Volvociden, worauf bereits früher hingewiesen wurde; wir können uns, wenn wir die verschiedenen Glieder dieser Familie: Stephanosphaera, Pandorina, Eudorina und Volvox betrachten, eine Vorstellung machen, wie ein vielzelliges Lebewesen aus einer Protozoenkolonie hervorgegangen ist.

Als die in der Stufenreihe am tiefsten stehenden Metazoen werden wir die

Spongiaria, Poriferi oder Schwämme,

denen die Fähigkeiten der Orts- und Gestaltsveränderung fast vollständig abgehen, betrachten können; sie sitzen fest auf im Wasser befindlichen Steinen, Pfählen und Pflanzen und ähneln den letzteren mehr als Tieren.

Die Gestalt der Spongien ist eine ungemein mannigfaltige; neben einfach zylindrischen Formen bemerken wir krustenförmige, knollige und klumpige, baum- und geweihartig verästelte, pilzförmige usw. Gleich der Form zeigt auch die Färbung mancherlei Abwechselung: Rot, Orange, Gelb und Braun in verschiedenen Nuancen sind häufig anzutreffen, seltener sind Blau, Blaugrün, Grün; eine weißliche Farbe besitzen die meisten Kalkschwämme. Die Größe variiert zwischen wenigen Millimetern und ca. $^3/_4$ m (Poterion).

Um einen Einblick in den Bau dieser Tiere zu gewinnen, erscheint es vorteilhaft, einen jugendlichen Kalkschwamm aus der Gruppe der Homocoela oder Asconen zu betrachten. Die Gestalt (Fig. 20) ist einfach schlauchförmig; das eine Ende des Schlauches ist geschlossen und mit diesem sitzt der Schwamm auf der Unterlage, das andere ist offen und wird als Osculum — Mündchen — bezeichnet, ein, wie wir sehen werden, nicht glücklich gewählter Name.

Die dünne Wand des Schlauches oder Sackes besteht aus 3 Schichten, von denen jedoch die äußerste und mittlere ihrer Entstehung nach zusammengehören. Die erstere wird vor-

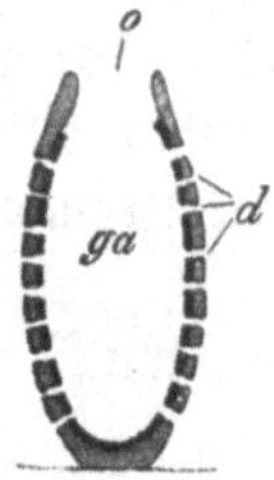

Fig. 20. Schema eines einfachen Kalkschwammes, aus Ray Lankester. d Hautporen, ga Gastralraum, o Osculum.

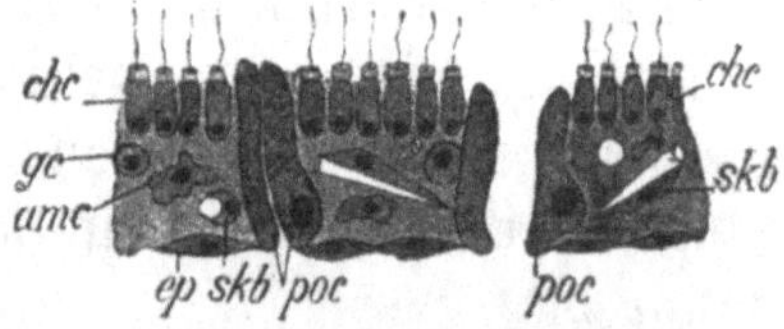

Fig. 21. Schnitt durch die Wandung eines Kalkschwammes, Ascon, aus Ray Lankester, etwas verändert. amc Wanderzellen, chc Kragenzellen, ep Epithelzellen, gc Geschlechtszellen, poc Porenzellen, skb Skelettbildungszellen.

nehmlich von platten Zellen gebildet, welche die gesamte Außenfläche überkleiden (Fig. 21, ep); hin und wieder bemerkt man aber zwischen diesen Zellen andere, welche die ganze Dicke der Wandung durchsetzen (Fig. 21, poc) und von einem feinen Kanale durchbohrt werden, das sind die Porenzellen, Porocyten; die Kanäle selbst führen den Namen Hautporen und können durch Kontraktion des Plasmas geschlossen werden. In der mittleren Schichte sind die Zellen in eine gallertige Grundsubstanz eingebettet; manche von ihnen, die Scleroblasten (skb), bilden die Skelettnadeln, andere, die Wanderzellen (amc), sind amöboid beweglich und wandern umher, wieder andere entwickeln sich zu Geschlechtszellen (gc).

Der zentrale Hohlraum des Schlauches, der Gastralraum (Fig. 20, ga), welcher durch das Osculum (o) nach außen mündet, wird von recht charakteristischen, epithelial angeordneten Geißelzellen, den Kragenzellen oder Choanocyten, ausgekleidet; Kragenzellen heißen sie deshalb, weil ihr freier Rand einen zarten, kragenförmigen Saum in der Umgebung der Geißelinsertion bildet (Fig. 21, chc).

Von welcher Bedeutung sind nun diese verschiedenen zelligen Elemente für das Tier? Das Wasser strömt durch die Hautporen — nicht durch das Osculum — in den Gastralraum, und mit dem Wasser gelangen auch zahllose, sehr kleine Nahrungspartikelchen ebendahin. Diese werden von den Kragenzellen, deren lebhaft schwingende Geißeln das Wasser in fortwährender Strömung und Wirbelbildung erhalten, aufgenommen, um alsdann den Wanderzellen übergeben zu werden, die die Assimilierung und den Transport im Körper besorgen; die Kragenzellen spielen aber nicht nur bei der Nahrungsaufnahme und gleich den Zellen der Außenschichte bei der Atmung eine wichtige Rolle, sie vermitteln wahrscheinlich auch die Ausscheidung von Stoffen, die dann mit dem Wasser durch das Osculum nach außen befördert werden. Ein kontinuierlicher, den Körper des Schwammes durchziehender Wasserstrom ist, wie man sich leicht vorstellen kann, für das Tier von hoher Bedeutung, und die Aktion der Geißeln der Kragenzellen wird unterstützt durch Kontraktionen des gesamten Schwammkörpers, durch welche der Gastralraum bedeutend verkleinert werden kann, um sich dann wieder zu erweitern.

Bei den meisten Spongien liegen nun aber die Verhältnisse weniger einfach als bei diesen Asconen. Die Komplikationen werden dadurch bedingt, daß die Wandung, speziell die mittlere Schicht, eine bedeutende Dicke erreicht, und daß die Kragenzellen aus der Gastralhöhle in diese mittlere Schicht rücken, in welcher sie kleine, kugelige oder fingerhutförmige Kämmerchen, die Geißelkammern (Fig. 22, glk), bilden. Durch diese Verlagerung der Choanocyten verliert der zentrale Hohlraum, der nun von platten Zellen ausgekleidet wird, seine ursprüngliche Bedeutung, die auf die Geißelkammern übergeht, er wird zur Kloakalhöhle (Fig. 22, clh), zu einem Raum, in dem sich ein an Sauerstoff und Nahrungssubstanzen armes, an Exkretstoffen reiches Wasser ansammelt, das durch das Osculum entleert wird.

Die Verbindung der Geißelkammern mit der Schwammoberfläche einerseits, mit der Kloakalhöhle andererseits wird durch besondere Kanäle hergestellt; wir unterscheiden demnach ein zuführendes und ein ausführendes Kanalsystem, zwischen beiden Systemen sind die Geißelkammern eingeschaltet (Fig. 22); Porenzellen können noch vorhanden sein, sie stellen dann die Verbindung der zuführenden Kanäle mit den Kammern her. Die größeren oder kleineren Öffnungen auf der Oberfläche des Schwammes (Fig. 22, os), mit denen das zuführende Kanalsystem beginnt, bezeichnet man meist auch als Hautporen oder Poren, besser ist der Ausdruck Ostien, um Verwechselungen mit den Porocytenkanälen zu vermeiden. Zu den früher erwähnten Zellen der mittleren Schichte gesellen sich noch sternförmig verästelte und spindelförmige Zellen, von denen die letzteren das Vermögen der Kontraktilität oft in hohem Maße besitzen; sie bilden zuweilen förmliche Schließmuskeln in der Nähe der Ostien und verhindern so den Eintritt des Wassers. Die Frage, ob den Spongien ein Nervensystem zukommt, ist noch eine offene; von manchen Forschern sind Zellen, die als Sinneszellen und Ganglienzellen gedeutet werden, beschrieben worden.

Die meisten Spongien besitzen Skelette, die aus Kieselsäure, kohlensaurem Kalk oder Spongin bestehen. Die einzelnen Elemente der Kiesel- und Kalkskelette sind Nadeln;

wir unterscheiden bei den ersteren als Hauptformen Einstrahler (Fig. 23 a), Vier- (Fig. 23 b) und Sechsstrahler (Fig. 23 c), hierzu kommen noch sternförmige, kugelige, ankerförmige und unregelmäßig geformte Gebilde (Fig. 23 d); Ein-, Drei- und Vierstrahler bilden die Skelette der Kalkschwämme.

Die Sponginskelette endlich bestehen zumeist, wie das des Badeschwammes, aus anastomosierenden Fasern.

Das Spongin, eine organische Substanz, enthält Jod, und zwar ist der Jodgehalt nach den verschiedenen Schwammarten ein sehr verschiedener; manche Spongien haben augen-

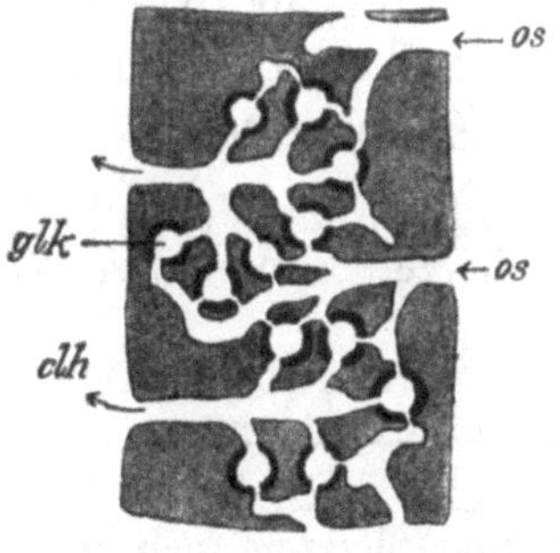

Fig. 22. Kanalsystem einer Spongie, aus Ray Lankester. clh Kloakalhöhle, glk Geißelkammern, os Ostien.

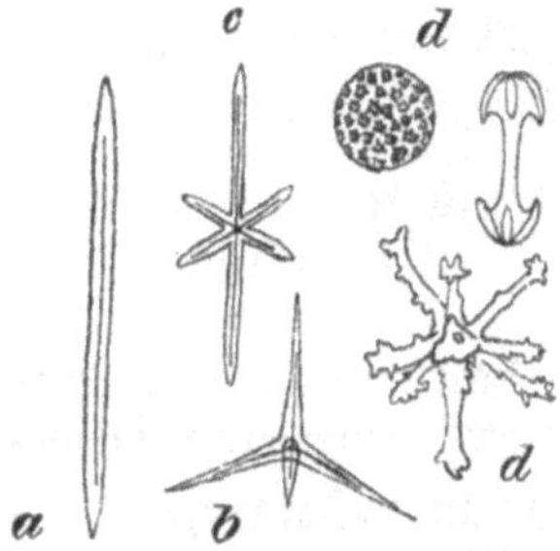

Fig. 23. Nadeln verschiedener Kieselspongien, aus Ray Lankester.

scheinlich die Fähigkeit, Jod zu speichern, in viel höherem Maße als andere.

Die Vermehrung ist eine geschlechtliche und ungeschlechtliche; im letzteren Falle handelt es sich vornehmlich um Knospung und um Fortpflanzung durch sogenannte Gemmulae. Bei Knospung tritt an einer oder an mehreren Stellen des Schwammkörpers eine lebhafte Zellenvermehrung ein, die zur Bildung buckel- oder röhrenartiger Erhebungen führt, welche aus denselben Schichten wie der übrige Schwamm bestehen, Teile des Kanalsystems enthalten und ein Osculum zu bilden vermögen. Lösen sich derartige Knospen vom

Muttertiere nicht los, so kommt es zur Bildung von Stöcken, und die Zahl der Individuen eines Stockes läßt sich annähernd nach der Zahl der vorhandenen Oscula bestimmen. Gemmulabildung ist fast nur bei Süßwasserspongien beobachtet worden; sie tritt in den gemäßigten Klimaten am Beginn des Winters, in den Tropen in der heißen Jahreszeit ein. An der Bildung der Gemmulae beteiligen sich hauptsächlich — ob ausschließlich ist noch fraglich — Wanderzellen, welche ein reiches Nährmaterial in sich aufgespeichert haben; diese Zellen kriechen zusammen und bilden kugelige Haufen, um welche feste, zum Teil aus Kieselkörpern bestehende, schützende Hüllen abgesondert werden. Nach einer Zeit der Ruhe entwickelt sich im Frühjahr die Gemmula zu einem Schwamme.

Bezüglich der geschlechtlichen Fortpflanzung sei auf Meisenheimer, Entwicklungsgeschichte der Tiere, Sammlung Göschen Nr. 378, verwiesen.

Man teilt die **Spongiaria**, in 2 Klassen ein, die **Calcispongiae**, Kalkschwämme, und **Silicispongiae**, Kieselschwämme.

1. Kl.: **Calcispongiae.** Skelett aus Kalknadeln, Ein-, Drei- oder Vierstrahlern, bestehend. In allen Meeren weit verbreitet.

1. O.: **Homocoela** (Asconen Haeckels). Den Gastralraum dieser dünnwandigen Kalkschwämme kleiden Kragenzellen aus. Ascandra.

2. O.: **Heterocoela** (Syconen und Leuconen Haeckels). Die Choanocyten sind hier auf die kugeligen oder tubenförmigen Geißelkammern beschränkt; die Gastral- oder Kloakalhöhle entbehrt derselben.

2. Kl.: **Silicispongiae, Kieselschwämme.** Skelett aus Kieselnadeln oder Spongin bestehend. Stets mit Geißelkammern und kompliziertem Kanalsystem. Mit Ausnahme der Spongillidae marin.

1. U.-Kl.: **Triaxonia.** Das Skelett besteht aus sechsstrahligen Kieselkörpern, deren Strahlen nach dem Achsenkreuze eines Oktaeders angeordnet sind, oder aus Spongin; zuweilen fehlt es. Geißelkammern fingerhutförmig. Euplectella, Hyalonema; japanische und arktische Meere. Halisarca, ohne Skelett, Mittelmeer.

2. U.-Kl.: **Demospongiae.** Skelett kieselig oder aus Spongin bestehend, selten fehlend. Die Kieselnadeln sind verschiedenartig gestaltet, aber nie Sechsstrahler. Geißelkammern kugelig.

1. O.: **Tetractinellida.** Nadeln aus 4 Strahlen bestehend, die nach dem Achsenkreuz eines Tetraeders angeordnet sind. Außerdem Einstrahler, Kieselkugeln usw.

Stelletta, Geodia, Mittelmeer; Oscarella ohne Skelett Mittelmeer.

2. O.: **Monaxonida.** Skelett aus Einstrahlern gebildet.

Suberites. S. domuncula ist bekannt durch das Freundschaftsverhältnis mit Einsiedlerkrebsen; auf der Schneckenschale, in welcher der Krebs seinen weichen Hinterleib birgt, siedelt sich S. domuncula an und läßt sich vom Krebse umhertragen; der Schwamm umwächst allmählich die Schale, doch bleibt stets vor der Öffnung ein Raum erhalten, der nie geschlossen wird und zur Vergrößerung der Krebswohnung beiträgt. Cliona (Vioa), der Bohrschwamm, bohrt Löcher und Galerien in Kalksteine und Molluskenschalen; die Art und Weise, in der dies geschieht, ist unbekannt. Spongilla, in Seen und Teichen.

3. O.: **Monoceratida, Ceraospongiae, Hornschwämme.** Das Skelett besteht aus zusammenhängenden Sponginfasern.

Euspongia officinalis, Badeschwamm. Die Form des Badeschwamms ist eine ziemlich variable; neben eiförmigen und klumpigen Stücken kommen häufig kelch- und schüsselförmige vor. Die Farbe des Schwammes ist außen dunkelviolett oder schwärzlich, innen blaßgelb oder rostbraun, die des Skelettes gelblich; die größere oder geringere Elastizität und Festigkeit des letzteren bestimmen vornehmlich den Handelswert des Schwammes. Mittelmeer, Rotes Meer, Atlantischer Ozean in Tiefen bis zu 120 Faden Hippospongia equina, Pferdeschwamm, Tafelschwamm.

Cnidaria, Nesseltiere.

Die Cnidarier, welche ihren Namen den mikroskopischen Waffen verdanken, mit welchen sie ausgerüstet sind, treten uns in zwei Grundformen entgegen, als festsitzender Polyp und als freischwimmende Meduse. Beide, Polyp sowohl als Meduse, lassen dem Baue nach 2 Typen, Hydroidpolyp resp. -meduse und Scyphopolyp resp. -meduse unterscheiden.

Der Hydroidpolyp, als Modell kann der gewöhnliche Süßwasserpolyp dienen, besitzt im allgemeinen eine schlauchförmige Gestalt; das eine Ende des Schlauches ist geschlossen und auf der Unterlage befestigt, am anderen befindet sich die fast stets von Tentakeln umgebene Mundöffnung, welche in die einfache Darm- oder Gastralhöhle führt (Fig. 24). Die Körperwand besteht aus zwei Schichten, die äußere nennen wir Ektoderm, die innere Entoderm, zwischen beiden befindet

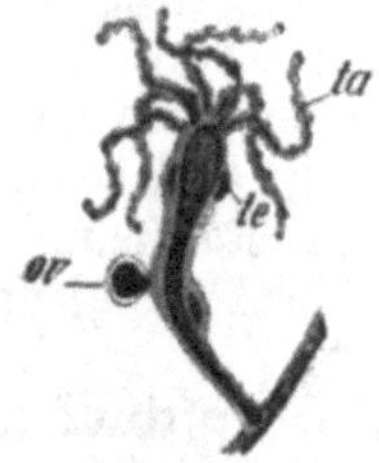

Fig. 24.
Hydra viridis, aus R. Hertwig.
ov Ei, ta Tentakel, te Hoden.

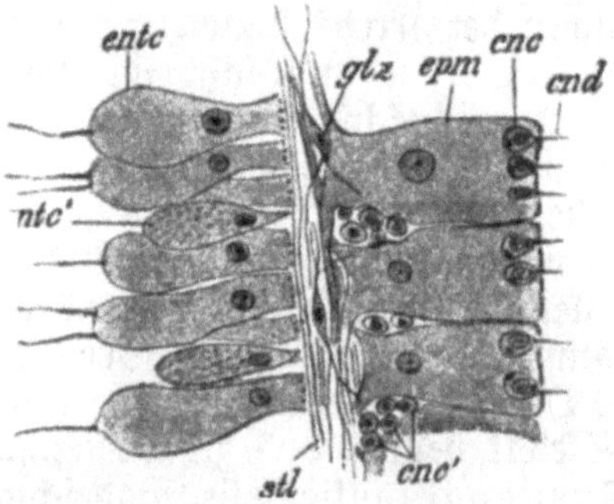

Fig. 25. Hydra, Bau der Körperwand, Schema. cnc Nesselzellen, cnc' Bildungszellen von cnc, cnd Cnidocil, entc Entodermzellen, entc' Drüsenzellen des Entoderms, epm Epithelmuskelzellen, glz Ganglienzellen, stl Stützlamelle.

sich eine dünne, zellenfreie, gallertige Membran, die Stützlamelle. An der Bildung des Ektoderms beteiligen sich zunächst große Zellen, welche dicht aneinander schließen und nur in der Nähe der Stützlamelle kleine Lücken zwischen sich lassen (Fig. 25, epm); ihre freie Fläche ist glatt, von der basalen hingegen gehen ansehnliche, in der Längsrichtung des Tieres verlaufende Fortsätze aus, die ungemein kontraktil sind; mit Rücksicht hierauf bezeichnet man diese Zellen als Epithelmuskelzellen, denn sie bilden einmal die schützende Hautdecke, das Hautepithel, und dann sind sie zugleich auch Muskelzellen. Die erwähnten Lücken zwischen den Epithelmuskelzellen sind erfüllt von zahlreichen kleinen Zellen von recht verschiedener Bedeutung; wir finden hier reich verästelte Zellen, welche man als Ganglienzellen deuten darf (glz), fernerhin rundliche, aus denen zu gewissen Zeiten die Geschlechtszellen hervorgehen, und endlich liegen hier jene Zellen, die sich zu Nesselzellen (cnc′) differenzieren. Die letzteren bleiben aber nicht dauernd an dieser Stelle liegen, sondern rücken nach und nach in die Epithelmuskelzellen, bis dicht unter deren Oberfläche (cnc). Jede Nesselzelle (Fig. 26, 27) enthält eine ei- oder spindelförmige, von einer Flüssigkeit oder Gallerte erfüllte Kapsel (nk), deren einer Pol in einen mehr oder weniger langen, feinen und hohlen Faden ausgezogen ist; im Ruhezustande ist der Faden in der Kapsel aufgerollt (Fig. 26), auf Reize hin wird er nach außen umgestülpt (Fig. 27) und der flüssige Inhalt der Kapsel kann austreten. Wie erfolgt nun aber die Aufnahme eines Reizes? Betrachtet man die Oberfläche einer H y d r a genau, so bemerkt man überall, hauptsächlich aber an den Tentakeln, kleine spießartige Fortsätze, die Cnidocile (Fig. 26, 27, cnd), die von den Epithelmuskelzellen auszugehen scheinen, tatsächlich aber den Nesselzellen angehören und nur die Oberfläche der früher genannten, in denen sie liegen, durchbohren. Streift ein Tier an ein Cnidocil, so wird der hierdurch hervorgerufene Reiz auf das kontraktile Plasma der Nesselzelle, weiterhin aber auch auf die Epithelmuskelzelle übertragen werden; der bei der Kontraktion der Zellen auf die Kapsel ausgeübte Druck bringt diese zur Explosion, der Faden tritt aus, seine

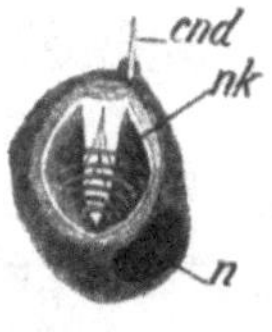

Fig. 26. Nesselzelle, nach C. C. Schneider. cnd Cnidocil, n Kern, nk Nesselkapsel.

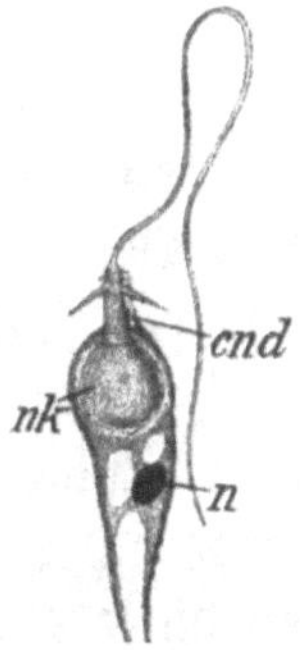

Fig. 27. Nesselzelle, nach C. C. Schneider. cnd Cnidocil, n Kern, nk Nesselkapsel.

Spitze dringt in das Tier ein, das durch den Inhalt der Kapsel, wie die Beobachtung zeigt, gelähmt oder getötet wird. Die Nesselzellen sind aber nicht nur Waffen, sie vertreten auch die sonst im Ektoderm der Hydroidpolypen fehlenden Sinneszellen, und in dieser Beziehung ist ihre Lage innerhalb der Epithelzellen, die mit den Ganglienzellen in Verbindung stehen, von Bedeutung, da ein Reiz, der ein Cnidocil trifft, direkt oder indirekt auf den Ganglienzellenplexus und mithin auf andere Nesselzellen übertragen werden kann.

Das Entoderm ist etwas einfacher gebaut, es besteht aus assimilierenden (Fig. 25, entc) und drüsigen Zellen (entc'); von den basalen Partien der ersteren gehen kontraktile Fäserchen aus, welche eine zarte Ringmuskulatur an der Innenseite der Stützlamelle bilden.

Die Polypen zeigen nun allerdings selten eine solch einfache schlauchförmige Gestalt wie Hydra, meist ist eine vordere verdickte Partie, das Köpfchen, von einer verschmälerten hinteren, dem Stiele, zu unterscheiden; die Tentakeln sind fernerhin nicht selten in 2 Kränzen angeordnet oder stehen zerstreut auf dem Köpfchen. Eine schützende, vom Ektoderm abgesonderte, diesem entweder dicht anliegende oder von ihm abstehende chitinige Hülle, das Periderm, umgibt fast ausnahmslos bei den marinen Formen den Stiel und das Köpfchen oder nur den ersteren allein; die Hülle um das Köpfchen führt den besonderen Namen Hydrotheca (Fig. 28, hyth).

Die Hydroidmeduse (Fig. 29, 30) ist von glocken- oder uhrglasförmiger Gestalt. Wir unterscheiden an ihr eine äußere konvexe Fläche, die Exumbrella, und eine innere konkave, die Glockenhöhle umgebende, die Subumbrella; an der Übergangsstelle der exumbrellaren in die subumbrellare Fläche, also am Scheibenrande, ist ein besonderer Saum, eine Art Diaphragma, das Velum oder Craspedon (Fig. 30, ve), vorhanden, welches die Glockenhöhle nach außen bis zu einem gewissen Grade abzuschließen vermag; hier inserieren fernerhin die Tentakeln (ta), und hier sind auch die Sinnesorgane gelegen (Fig. 30, st). Von der Mitte der Subumbrella hängt der Magenschlauch, das Manubrium (ma), herab, ein meist kurzes, zuweilen aber auch sehr langes Rohr (Sarsia), das an seinem freien Ende den Mund (o) trägt, welcher von lappigen oder griffelartigen Fortsätzen umgeben sein kann. Der Mund führt in den Gastralraum; dieser zerfällt in einen zentralen und peripheren Abschnitt; der erstere ist im Magenschlauche und in dem direkt über diesem befindlichen Teil der Scheibe gelegen; der letztere gehört der Scheibe an und besteht aus einer größeren oder geringeren Anzahl von Kanälen, den Radialkanälen (gac), welche vom Zentralmagen gegen

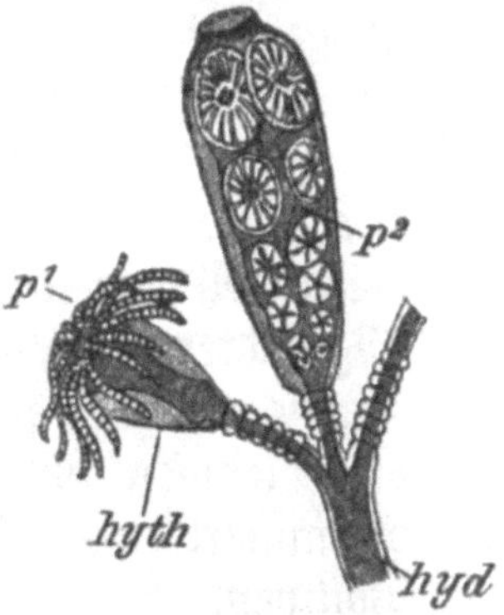

Fig. 28. Obelia dichotoma, nach Grobben.
hyd Hydrocaulus,
hyth Hydratheca,
p^1 Nährpolyp,
p^2 Geschlechtspolyp mit Medusen.

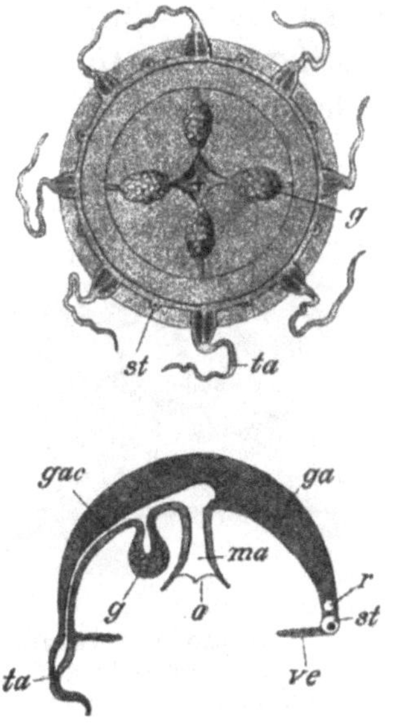

Fig. 29, 30. Eucope campanulata, z. Tl. nach Haeckel aus Lang. g Geschlechtsdrüsen, ga Gallerte, gac Radialkanal, ma Magen, o Mund, r Ringkanal, st Statocyste, ta Tentakel, ve Velum.

den Scheibenrand verlaufen und hier in einen dem Scheibenrande folgenden Ringkanal einmünden; aus diesem entspringen häufig in die Tentakeln eintretende Kanäle. Alle diese Partien sind natürlich von Entodermzellen ausgekleidet und ein Achsenstrang von Zellen dieser Schicht ist auch dann in den Tentakeln vorhanden, wenn die erwähnten Kanäle fehlen. Dicht neben dem Ringkanale liegen die beiden, aus feinen Fibrillen und verästelten Zellen bestehenden Nervenringe; sie stellen den Zentralteil des Nervensystems dar, das mithin bei den Medusen keinen diffusen, über den ganzen Körper ausgebreiteten Plexus darstellt, sondern lokalisiert ist; hierdurch, sowie durch die Ausbildung komplizierterer Sinnesorgane erweisen sich die Medusen höher organisiert als die Polypen.

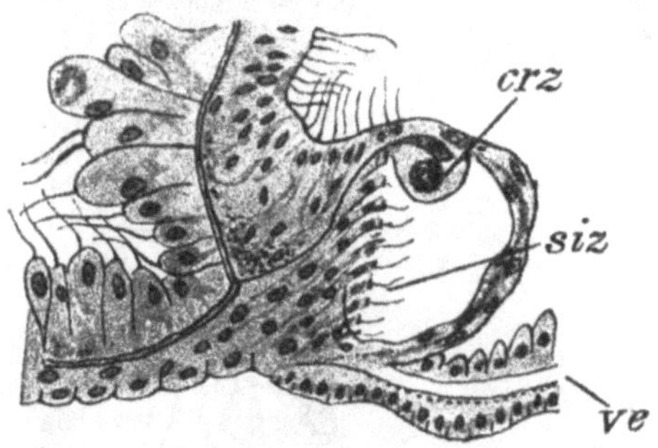

Fig. 31. Aequorea forscalea, Hörbläschen, nach Hertwig aus Lang.
crz Konkrementzelle, siz Sinneszelle, ve Velum.

Wir unterscheiden 2 Arten von Sinnesorganen bei den Medusen: Gleichgewichts- oder statische Organe und lichtperzipierende oder Augen. Die statischen Organe haben die Form von Bläschen oder Kölbchen, ihre Zahl schwankt zwischen etwa 8 und einigen Hunderten. Ein bläschenförmiges derartiges Organ, als Typus mag uns da Aequorea dienen, besteht aus 2 Schichten, einer äußeren, nur aus platten Zellen gebildeten (Fig. 31) und einer inneren, welche, neben indifferenten, die für das Organ funktionell bedeutungsvollen enthält, das sind die schlanken Sinneszellen (Fig. 31, siz) und die großen, blasigen Konkrementzellen (crz). Die Sinneszellen stehen durch feine Fäserchen mit dem (subumbrellaren) Nervenringe in Verbindung und tragen an ihrer freien Fläche ein Sinneshaar, das sich an eine der Konkrementzellen anlegt. Diese Zellen enthalten eine kleine, aus kohlensaurem Kalk bestehende Kugel, den Statolithen, welcher gerade über jener Stelle gelegen ist, an welcher sich das Sinneshaar an die elastische Zellwand anschmiegt. Erschütterungen oder leichte Veränderungen in der Lage des Statolithen üben zunächst einen Reiz auf das Sinneshaar aus; dieses überträgt ihn auf die Sinneszelle, welche die Weiterleitung zum Zentralorgan vermittelt. In der Gleichgewichtslage werden sich alle statischen Organe eines Tieres in demselben Reizzustande befinden; tritt eine Störung des Gleichgewichtes ein, so wird ein Teil in stärkerer Weise so lange gereizt werden, bis der ursprüngliche Zustand wiederhergestellt ist; dies erfolgt durch geeignete Muskelkontraktionen, die vom zentralen Nervensystem aus ausgelöst werden. An Stelle der geschilderten statischen Organe treten bei manchen Hydroidmedusen lichtperzipierende, Augen von sehr einfachem Baue. Muskulöse Elemente treffen wir vornehmlich an der subumbrellaren Fläche, am Velum, Manubrium und an den Tentakeln an; die letzteren sind, wie bei den Polypen, besonders reich an Nesselzellen und spielen als Fangapparate eine wichtige Rolle. Für die Bewegung kommen die zirkulär und radiär angeordneten, quergestreiften Muskeln der Subumbrella und des Velums in Betracht; kontrahieren sich dieselben energisch, so wird das Wasser mit nicht unbedeutender Kraft aus der Glockenhöhle ausgestoßen, und das Tier bewegt sich infolge Rückstoßes, mit der exumbrellaren Fläche voran, vorwärts.

Die Medusen sind getrennt geschlechtlich; die sackförmigen Ovarien resp. Hoden (Fig. 29, 30, g) liegen entweder im Ektoderm des Manubriums oder an der subumbrellaren Fläche unterhalb der Radialkanäle. Die Eier und Spermien gelangen direkt in das Wasser, und hier findet die Besamung der Eizellen statt.

Zwischen Ektoderm und Entoderm liegt bei dem Polypen die Stützlamelle; auch bei der Meduse finden wir zwischen den beiden genannten Blättern aller Orten eine derartige Gallertschicht, dieselbe erreicht hier aber an der Scheibe eine außerordentliche Mächtigkeit und bildet die Hauptmasse des Medusenkörpers (Fig. 30, ga).

Es sei noch darauf hingewiesen, daß alle Organe in bestimmter Weise angeordnet sind: Die in der Einzahl vorhandenen fallen in die Hauptachse des Körpers, die bestimmt ist durch den Mund und den höchsten Punkt der Exumbrella, während die in größerer Zahl vorkommenden (Tentakeln, Sinnesorgane, Geschlechtsdrüsen, Radialkanäle) in bestimmten Abständen voneinander um die Hauptachse angeordnet sind. Mit anderen Worten heißt das: Die Tiere sind strahlenförmig gebaut, Radiärtiere (Fig. 29).

Der Scyphopolyp, dessen Grundgestalt ebenfalls eine schlauch- oder sackförmige ist, unterscheidet sich vom Hydroidpolypen hauptsächlich durch eine größere Komplikation des Gastralraumes. Die Mundöffnung führt hier nicht direkt in die Gastralhöhle, sondern in ein vom Ektoderm ausgekleidetes Rohr, das Schlundrohr, welches mehr oder weniger tief in den Gastralraum hineinhängt. Die Gastralhöhle selbst wird in ihren peripheren Partien durch 4, 6, 8 oder zahlreiche Längsfalten, Septen, welche von der Körperwand aus nach innen vorspringen, in Fächer geteilt (Fig. 32, 33); im Bereiche des Schlundrohres heften sich alle Septen (se) oder nur ein Teil derselben an dieses an, und es können infolgedessen in dieser Region die einzelnen Fächer vollständig voneinander getrennt sein (Fig. 32, 33), wenn nicht, wie es häufig der Fall ist, ein oder zwei Öffnungen (Septalostien) in jedem Septum eine direkte Kommunikation der Fächer ermöglichen.

Die freien, gefalteten und verdickten Ränder der Septen führen den Namen Mesenterialfilamente.

Die äußere Körperschicht, das Ektoderm, zeigt im wesentlichen denselben Bau wie bei den Hydroidpolypen, ist aber stellenweise reich an besonderen Sinneszellen. An Stelle der Stützlamelle tritt eine dickere, zellenreiche Schicht, in welcher bei manchen Formen die Skelette gebildet werden. Das Entoderm, welches natürlich den ganzen Gastralraum auskleidet,

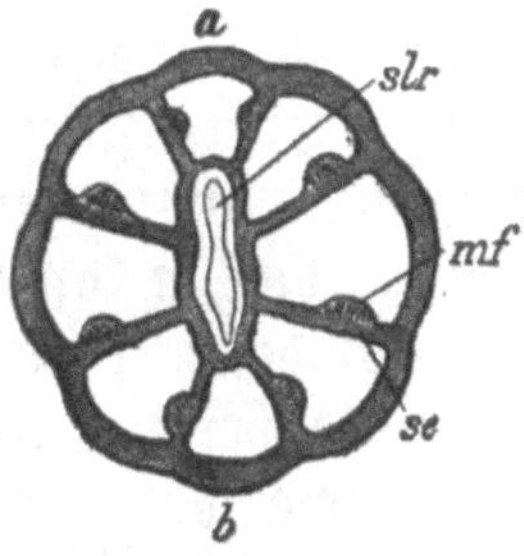

Fig. 32. Querschnitt durch Alcyonium, nach Hertwig. slr Schlundrohr, se Septen mit Muskelfahnen mf.

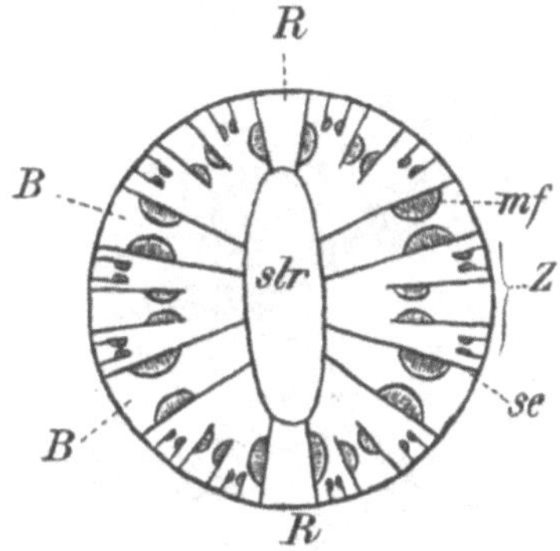

Fig. 33. Querschnitt durch eine Actinie, Schema. B Binnenfächer, R Richtungsfächer, Z Zwischenfächer, mf Muskelfahne, se Septen, slr Schlundrohr.

ist besonders in den Mesenterialfilamenten reich an Drüsenzellen und Nesselzellen. Die entodermale Muskulatur ist im allgemeinen stärker entwickelt als die ektodermale, insbesondere sind in den Septen starke Längsmuskelzüge vorhanden, die auf Querschnitten durch die Septen (Fig. 32, 33 mf) scharf hervortreten und die sogenannten Muskelfahnen bilden. Die Geschlechtszellen liegen und entwickeln sich im Epithel der Septen, sie sind mithin entodermaler Herkunft.

Die meist flach schirmförmige, seltener kegel- oder glockenförmige Scyphomeduse übertrifft gewöhnlich die Hydroidmeduse an Größe bedeutend. Der Schirmrand entbehrt eines

Velums oder Craspedons und erscheint gelappt (Fig. 34). Die typische Zahl der Randlappen ist 8. Jeder Randlappen ist tief eingekerbt und trägt in dieser Einkerbung einen kölbchenförmigen Sinneskörper, ein Rhopalium (rhp); zwischen den Randlappen inserieren die ansehnlichen Tentakeln (ta), deren Zahl ursprünglich ebenfalls 8 ist, doch ist eine Vermehrung derselben, wie eine Reduktion häufig zu konstatieren; dies gilt auch für die Randlappen und die Rhopalien.

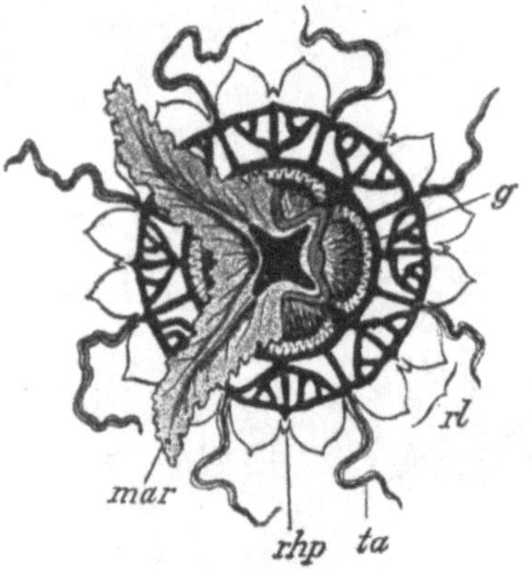

Fig. 34. Ulmaris prototypus, aus Hatschek. g Geschlechtsdrüsen, mar Mundarme, rhp Rhopalien, rl Randlappen, ta Tentakel.

Die in der Mitte der subumbrellaren Fläche gelegene vierkantige oder kreuzförmige Mundöffnung wird meist von vier sehr langen, lappenartigen Mundarmen (mar) umgeben, die bei der Nahrungsaufnahme eine große Rolle spielen. Der Gastralraum läßt wie bei den Hydroidmedusen eine Scheidung in einen zentralen, über dem Munde gelegenen und einen peripheren Teil erkennen; der letztere, auch Kranzdarm genannt, besteht aus vier bis acht weiten, taschenartigen Räumen oder aus zahlreichen, anastomosierenden, radiären Kanälen (Fig. 34). Die Grenze beider Abschnitte markieren vier Büschel von Fäden, die Gastralfilamente, welche auf der subumbrellaren Fläche des Gastralraumes gelegen sind; sie enthalten zahlreiche Drüsen, die verdauende Sekrete abscheiden sollen. In der Nähe der Gastralfilamente liegen auch die Geschlechtsdrüsen; die Genitalprodukte werden durch den Mund nach außen entleert. Die sogenannten Subgenitalhöhlen sind Aushöhlungen der subumbrellaren Fläche unterhalb der Geschlechtsdrüsen; sie haben zu diesen keine weiteren Beziehungen.

An jenen Stellen des Schirmrandes, an welchen sich die Rhopalien befinden, sind auch die Zentralteile des Nervensystems anzutreffen; es ist mithin hier eine größere Anzahl von Nervenzentren vorhanden, die, wie es scheint, nur bei manchen Formen durch Faserzüge verbunden sind.

In den Rhopalien liegen Bildungen vor, in denen statische und lichtperzipierende Organe nebeneinander vorkommen; kleine, mit Sinneszellen ausgestattete Grübchen in der Nähe des Rhopaliums werden als Geschmacks- oder Geruchsorgane gedeutet. Für die Lokomotion kommt, da ein Velum fehlt, die kräftige Muskulatur der subumbrellaren Fläche in Betracht.

Die Vermehrung der Nesseltiere erfolgt auf geschlechtlichem Wege oder ungeschlechtlich durch Teilung oder Knospung. Die Knospung führt häufig zur Bildung von Stöcken, Cormen, die hier ein besonderes Interesse verdienen, da sie in vielen Fällen polymorph sind, d. h. die Einzelindividuen sind verschiedenartig gestaltet und haben verschiedene Funktionen (s. unten) zu erfüllen.

Es ist hervorzuheben, daß in den verschiedenen Gruppen der Nesseltiere Polypen und Medusen nebeneinander auftreten können, und dann stehen sie in einer bestimmten genetischen Beziehung zueinander; die Meduse erzeugt auf geschlechtlichem Wege den Polypen, dieser auf ungeschlechtlichem durch Knospung oder Teilung die Meduse; es besteht also hier ein Generationswechsel (Metagenese). Bei Besprechung der einzelnen Abteilungen der Cnidarier werden diese Verhältnisse eingehender berücksichtigt werden.

Wir teilen die **Cnidaria** in zwei Klassen, die **Hydrozoa** und **Scyphozoa.**

1. Kl.: **Hydrozoa,** charakterisiert durch den Hydroidpolypen und die -meduse. Mit wenigen Ausnahmen marin:

1. O.: **Hydrariae.** Die Polypen pflanzen sich durch Geschlechtszellen und durch Knospung resp. Teilung fort. Medusen fehlen.

Hydra (Fig. 24); die durch Knospung erzeugten Individuen lösen sich bald vom Muttertiere ab, so daß es nicht zur Bildung dauernder Cormen kommt. Hoden (te) und Eier (ov) entstehen an demselben Individuum; die ersteren liegen dicht hinter den Tentakeln, die letzteren in der hinteren Körperhälfte. H. fusca (= vulgaris); hintere Partie des schlauchförmigen Körpers etwas stielartig verjüngt. Farbe bräunlich; Tentakeln sehr lang, 6—8. H. grisca (= aurantiaca); Form zylindrisch, Farbe grau oder orange, 7—12 Tentakeln von Körperlänge im ausgestreckten Zustande. H. viridis; Körper durch Algen grün gefärbt; 6—12 mäßig lange Tentakeln. Alle 3 Formen häufig im Süßwasser.

2. O.: **Tubulario-Anthomedusae.** Bei diesen sowie bei den Campanulario-Leptomedusen (3. O.) treten in dem Entwicklungszyklus jeder Art Polypen und Medusen auf. Aus dem Vorhandensein beider Formen erklären sich auch die Doppelnamen; die Namen Tubularien und Campanularien beziehen sich auf die Polypen, die anderen auf die Medusen. Als Tubularien bezeichnet man alle jene Hydroidpolypen, bei denen die Polypen einer Peridermhülle, einer Hydrotheca, entbehren; die Anthomeduse ist durch den Besitz von Augen charakterisiert, die Geschlechtsdrüsen liegen stets im Manubrium.

Die Bildung der Stöcke vollzieht sich im allgemeinen folgendermaßen: Die aus dem befruchteten Ei hervorgehende Larve setzt sich fest und wandelt sich in einen Polypen um, an dessen Basis wurzelartige, strang- oder plattenförmige (Fig. 35, st) Ausläufer sprossen, welche aus denselben Schichten wie der Polyp bestehen und in die sich auch der Gastralraum fortsetzt. An ihnen bilden sich Ausstülpungen der Körperwand, Knospen, welche zu Polypen werden. Es entstehen auf diese Weise kleine moosartige Stöckchen (Fig. 35), an denen wir eine wurzelartige, auf der Unterlage kriechende Partie, die Hydrorhiza (st), und die Polypen zu unterscheiden haben.

Andere Hydroidstöcke sind mehrere Zentimeter hoch, strauchartig verzweigt; bei diesen wachsen die Stielteile der einzelnen Polypen sehr bedeutend in die Länge und erzeugen durch Knospung Polypen, an denen natürlich wieder neue auftreten können; die so entstandenen stamm- und zweigartigen Partien des Cormus werden als Hydrocaulus (Fig. 28, hyd) bezeichnet; Hydrocaulus und Hydrorhiza bilden zusammen ein Röhrensystem, das Cönosark, das alle Polypen oder Hydranthen miteinander verbindet. Die Einzelindividuen eines Stockes können übereinstimmend gebaut sein, häufiger aber bestehen bedeutende und augenfällige Unterschiede, die Bezug auf die Funktion haben, und wir sprechen mit Rücksicht hierauf von Nähr-, Geschlechts-, Wehr- und Skelettpolypen. Die Nährpolypen (Fig. 35, p^1) besitzen wohlausgebildete Tentakeln und eine ansehnliche Mundöffnung; sie nehmen die Nahrung auf, die aber nicht nur ihnen, sondern dem ganzen Stocke zugute kommt, da sie durch die Cönosarkröhren allen Individuen zugeführt werden kann. An den Geschlechtspolypen oder Blastostylen (Fig. 35, p^2) knospen die Geschlechtstiere, die Medusen (med), denn abgesehen von Hydra entwickeln sich die Geschlechtsprodukte niemals in Polypen. Die Blastostyle entbehren häufig eines Mundes und der Tentakeln, und das gleiche gilt auch für die Wehr- oder Machopolypen (p^3); diese sind reich an Nesselzellen und dienen zur Verteidigung, sie scheinen aber auch, bei manchen Formen wenigstens, die

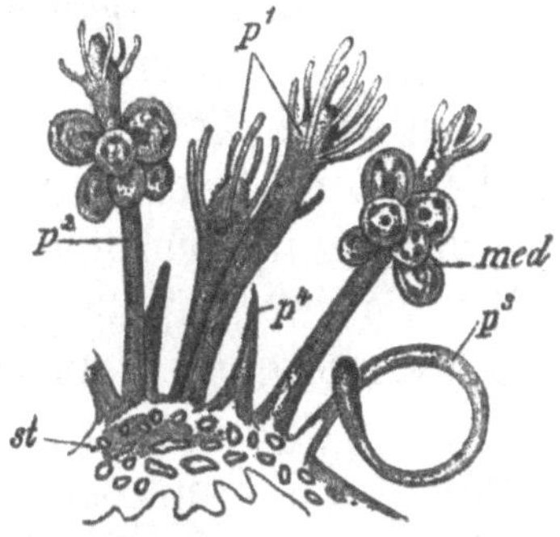

Fig. 35. Podocoryne carnea, nach Grobben. med knospende Medusen, p^1 Nährpolyp, p^2 Geschlechtspolyp, p^3 Wehrpolyp, p^4 Skelettpolyp, st Hydrorhiza.

Aufgabe zu haben, im Absterben begriffene Nährpolypen zu zerstören, zu verdauen und eine reine Wundfläche zu schaffen, welche der Bildung eines neuen Polypen durch Regeneration vom Stamme aus günstig ist. Verhältnismäßig selten sind die Skelettpolypen (**Podocoryne** carnea, Fig. 35, p[4]); dieselben besitzen einen sehr dicken Peridermüberzug und stellen geradezu Stacheln dar, zwischen welche sich die übrigen Polypen im Momente der Gefahr zurückziehen können.

Die Medusen entstehen durch Knospung (Fig. 35, med), der ganze Prozeß verläuft hier etwas komplizierter als bei der Bildung eines Polypen; die ausgebildete Meduse kann sich loslösen, kann aber auch in Verbindung mit dem Stocke bleiben. Häufig beobachtet man, daß die Medusen nicht ganz vollständig sind, daß ihnen Teile fehlen; im einfachsten Falle entbehren sie eines Mundes, obwohl ein Magenschlauch vorhanden ist. In anderen Fällen kommen auch Manubrium, Tentakeln und Sinnesorgane in Wegfall, es kann sogar die Glockenhöhle geschlossen bleiben; solange die letztere aber überhaupt noch vorhanden ist, bezeichnet man häufig solche reduzierte Geschlechtstiere als Medusoide. Verschwindet aber auch die Glockenhöhle, besteht das ganze Geschlechtstier aus einer Ekto- und einer Entodermlamelle, zwischen denen sich die Geschlechtszellen entwickeln, so nennt man es Sporosac. Sporosacs und reduzierte, mund- und tentakellose Polypen (Polypoide) sind natürlich sehr schwer zu unterscheiden, und es gibt Fälle, in denen man im Zweifel ist, ob das die Geschlechtszellen bergende Individuum nicht doch ein Polyp ist (**Cordylophora**).

Eine ungeschlechtliche Vermehrung durch Knospung ist, allerdings selten, auch bei Medusen (**Sarsia**, **Rathkea**) beobachtet worden; doch knospen an diesen immer nur wieder Medusen, niemals Polypen. Die Stellen, an denen sich die Knospen bilden, sind das Mundrohr und der Schirmrand.

Als Vertreter dieser Gruppe seien genannt: Tubularia (Polyp) mit 2 Tentakelkränzen, zwischen denen an zuweilen verzweigten Stielen die Medusoide knospen. Eudendrium (Polyp): Tentakeln in einem Kranze; Mund auf einer Art Rüssel, der vom übrigen Körper des Hydranthen scharf abgesetzt ist; Sporosacs. Stauridium (Polyp); 2 aus je 4 Tentakeln bestehende Tentakelkränze. Die zugehörige Meduse heißt Cladonema, ausgezeichnet durch verästelte Tentakeln, welche mit Nesselknöpfen enden. Podocoryne (Polyp) — Dysmorphosa (zugehörige Meduse). — Cordylophora; Tentakeln über den Hydranthen zerstreut; diese interessante Form findet sich im Brackwasser (Nord- und Ostsee) und im Süßwasser (Elbe z. B.). Besonders ansehnliche Hydroidpolypen sind die solitär lebenden Formen Branchiocerianthus imperator (japanische Meere) und Monocaulus imperator (nordische Meere), welche eine Größe von 1 m und darüber erreichen, während die meisten Hydroidpolypen als Einzelindividuen nur einige Millimeter lang werden.

Limnocnida (Meduse) ist eine Süßwassermeduse aus dem Tanganjika (Afrika).

3. O.: **Campanulario-Leptomedusae.** Die Peridermhülle (Fig. 28, **hyth**) umgibt kelchartig die Hydranthen; die Hüllen der Blastostyle führen den besonderen Namen Gonotheca. Die Geschlechtsdrüsen liegen stets an der subumbrellaren Schirmfläche, die Sinnesorgane sind zumeist Statocysten.

Campanularia; Polypen mit einem Tentakelkranz und trompetenförmigem Rüssel. Die Geschlechtsprodukte entwickeln sich in Sporosacs. Obelia (Fig. 28); die Polypen ähneln denen von Campanularia, die Geschlechtstiere sind jedoch freischwimmende Medusen. Aglaophenia; in der Umgebung eines jeden Nährpolypen befinden sich 3 Wehrpolypen; mehrere Blastostyle werden von einer gemeinsamen Hülle, Corbula genannt, umgeben. Sporosacs.

4. O.: **Hydrocoralliae.** Bei diesen Hydrozoen ist das außerordentlich dicke Periderm verkalkt und füllt alle Räume zwischen den Cönosarkröhren aus. Die Polypen, welche in kleinen, röhrenförmigen Aushöhlungen des Kalkskelettes stehen und sich in diese vollständig zurückziehen können, sind teils mit einem Munde versehene Nährpolypen, teils mundlose Wehr- und Tastpolypen. Die Geschlechtszellen entwickeln sich bei

manchen Hydrokorallien wenigstens in Medusoiden, welche auf umgeformte Polypen zurückzuführen sind. Die Stöcke sind entweder massig, Millepora, oder verzweigt, Stylaster. Auf der Oberfläche beider bemerkt man regelmäßig angeordnete, größere und kleinere Poren, von denen die ersteren in die Höhlungen von Nähr-, die letzteren in die von Wehrpolypen führen.

5. O.: **Trachymedusae.** In dieser Ordnung ist die Polypenform in Wegfall gekommen, die Meduse entwickelt sich direkt aus dem Ei. In ihrem Baue haben die Trachymedusen insofern Ähnlichkeit mit den Leptomedusen, als sich die Geschlechtsdrüsen unterhalb der Radialkanäle an der Subumbrella entwickeln und statische Organe vorhanden sind. Diese treten in Form von Kölbchen auf, an deren Bildung jedoch nicht nur, wie bei den Leptomedusen, das Ektoderm, sondern Ektoderm und Entoderm beteiligt sind; die Statolithen entstehen in Entodermzellen. Von den Leptomedusen unterscheiden sie sich im allgemeinen durch ansehnlichere Größe, bedeutendere Festigkeit des Schirmes und eine gewisse Starrheit der Tentakeln, die nicht selten vom Schirmrande auf die exumbrellare Schirmfläche rücken. Von diesen Medusen leben einige Formen, z. B. Cunina parasitica, als Larven parasitisch im Gastralraume verwandter Trachymedusen, Liriope, Geryonia, und vermehren sich hier durch Knospung.

6. O.: **Siphonophora, Schwimmpolypen, Röhrenquallen.** Zu den schönsten und interessantesten Nesseltieren gehören die Siphonophoren, welche wir als schwimmende Hydroidstöckchen auffassen können. Die Mannigfaltigkeit der in einer bestimmten Richtung spezialisierten Individuen, die zum Teil auf Polypen, zum Teil auf Medusen zurückzuführen sind, ist hier noch erheblich größer als bei den bisher betrachteten Hydrozoen; die Arbeitsteilung ist so weit fortgeschritten,

daß das Einzelindividuum nur als ein Organ des ganzen Stockes zur Geltung kommt.

Betrachten wir z. B. Halistemma picta (Fig. 36). Da finden wir Individuen mit einer großen Mundöffnung, die Freßpolypen (p^1), an deren Basis meist ein langer, verästelter, mit Nesselbatterien versehener Tentakel oder Senkfaden entspringt, mit dessen Hilfe kleine Tiere gefangen werden; die Taster, auch Palpone oder Cystone genannt (Fig. 36, p^2), sind von etwa gurkenförmiger Gestalt. An Stelle des Mundes ist bei ihnen eine feine Öffnung vorhanden, den verästelten Tentakel vertritt ein einfacher, fadenförmiger Anhang, ein Palpakel. Welche Rolle diese Taster spielen, ist noch nicht ganz klargestellt; vielleicht haben sie wirklich die Funktion von Sinnesorganen, worauf der Name Taster hindeutet, vielleicht stehen sie in Beziehung zur Exkretion. Bei manchen Siphonophoren sind fernerhin besondere, mit einem Munde versehene oder mundlose Blastostyle vorhanden, an denen die Geschlechtstiere entstehen. Die bis jetzt genannten Teile eines Siphonophorenstockes: Freßpolypen, Taster und Blastostyle lassen sich auf Polypen zurückführen, bei anderen tritt dagegen die Medusennatur mehr oder weniger deutlich hervor. Kleine, von den Blastostylen sich ablösende Medusen, welche eine große Ähnlichkeit mit Anthomedusen besitzen, sind bei den Velellen beobachtet und unter dem Namen Chrysomitren beschrieben worden; sessilen, tentakellosen Medusoiden, die in dem Manu-

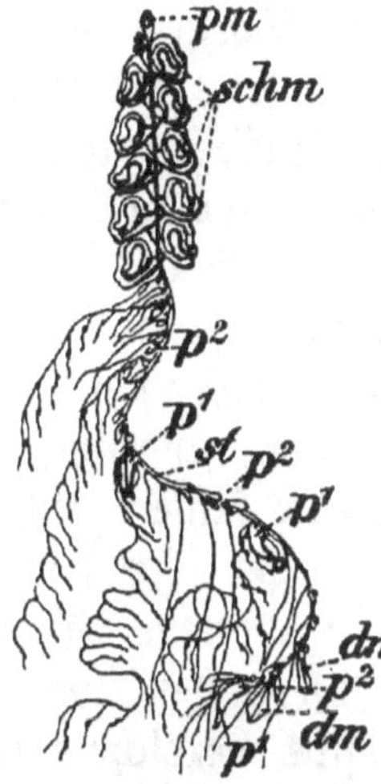

Fig. 36. **Halistemma picta**, nach Chun aus Grobben-Claus.
dm Deckstücke, p^1 Nährpolypen (Magenschläuche) mit Tangfaden, p^2 Taster m. Palpakel, pm Pneumatophor, schm Schwimmglocken, st Stamm.

brium Geschlechtszellen zur Reife bringen, begegnen wir bei den Calycophoriden und manchen Physophoriden. Es gibt aber auch Medusoide, die niemals Geschlechtsprodukte erzeugen und ausschließlich der Lokomotion dienen, das sind die Schwimmglocken (Fig. 36, schm); verhältnismäßig harte, mit Spitzen und Dornen versehene, blattförmige Anhänge des Stockes (dm) sind die zum Schutze anderer Individuen dienenden Deckstücke, deren Ähnlichkeit mit Medusen auf den ersten Blick allerdings nicht recht einleuchten will. Endlich ist hier auch noch des flaschen- oder blasenförmigen Pneumatophors (pm) zu gedenken, welcher den Calycophoriden fehlt, bei den übrigen Siphonophoren aber einen an der Spitze des Cormus gelegenen, hydrostatischen Apparat darstellt, der, falls Schwimmglocken fehlen, allein das Flottieren des ganzen Cormus ermöglicht. In dem Pneumatophor, welcher bei Physalia eine enorme Größe erreicht, befinden sich eigentümliche Drüsenzellen, welche ein Gas absondern, das den als Luftflasche bezeichneten Teil des Pneumatophors erfüllt; das Gas besteht nach Richard aus 85—91% Stickstoff (hiervon sind 1,8% Argon) und 9—15% Sauerstoff.

Mit Ausnahme des nur in der Einzahl vorhandenen Pneumatophors können die genannten Teile in sehr variabler Zahl in einem Stocke vertreten sein; stets sind sie aber in bestimmter Weise um einen Stamm (st) gruppiert, dessen Form, um die Extreme herauszugreifen, langgestreckt röhrenförmig oder flach scheibenartig sein kann.

Die Schwimmglocken nehmen den oberen Teil des Stammes ein (Fig. 36), die übrigen Individuen den unteren und bilden hier häufig kleine Gruppen, die Cormidien, welche sich bei manchen Siphonophoren abzulösen vermögen und früher unter dem Namen Eudoxien als selbständige Arten beschrieben wurden. Am schärfsten ausgeprägt sind die Cormidien bei den Calycophoriden (Fig. 37, cor), und es besteht bei diesen ein jedes Cormidium aus einem Freßpolypen samt Tentakel, einem Deckstücke und einer oder mehreren Genitalschwimmglocken (fertilen Medusoiden), die aber nach Entleerung der Genitalprodukte zu sterilen Schwimmglocken werden. In anderen Fällen, z. B. Halistemma, sind die ein Cormidium bildenden Individuen auf ein größeres Stammstück verteilt, und man spricht alsdann von aufgelösten Cormidien; ist der Stamm sehr kurz, scheibenförmig (Velella), so können die Anhänge in konzentrischen Kreisen angeordnet sein, ohne daß es zur Bildung von Cormidien käme.

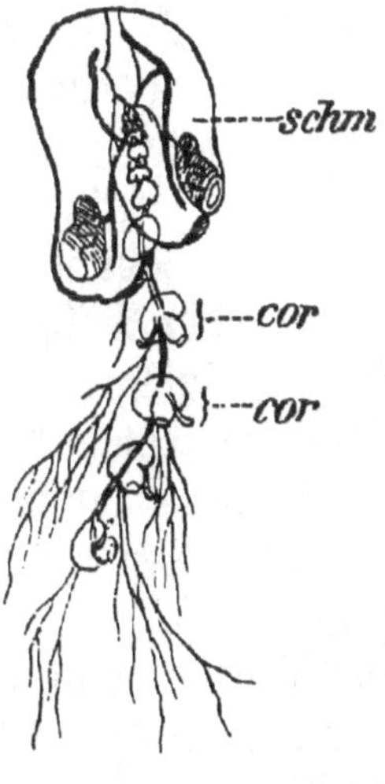

Fig. 37. Teil von Praya galea, nach Haeckel aus Lang. cor Cormidien, schm Schwimmglocken.

Nach der vorgetragenen Auffassung sind die Siphonophoren mit polymorphen Polypenstöckchen zu vergleichen, nach einer anderen würden sie dagegen als Medusencormen aufzufassen sein, und da eine Meduse nur wieder Medusen knospet, müssen alle Anhänge auf Medusen zurückgeführt werden: Ein Deckstück, ein Freßpolyp samt Tentakel würden eine modifizierte Meduse darstellen, an welcher als neue Medusen die sterilen und fertilen Schwimmglocken knospen.

Wir teilen die Ordnung der Röhrenquallen, welche durchaus marine, pelagisch lebende Formen enthält, in 2 Unterordnungen:

1. U.-O.: *Calycophorae.* Ohne Pneumatophor und Taster; 1, 2 oder zahlreiche Schwimmglocken. Muggiaea; Diphyes; Hippopodius.

2. U.-O.: *Physophorae.* Mit Pneumatophor. Halistemma, Physalia, Velella.

2. Kl.: **Scyphozoa,** charakterisiert durch Scyphopolyp und Scyphomeduse. Dem Scyphopolypen allein begegnen wird in der 1. U.-Kl. der **Scyphozoa,** den **Anthozoa,** welche in die beiden Ordnungen **Alcyonaria** und **Zoantharia** zerfallen.

1. O.: **Alcyonaria.** Die den Alcyonarien zukommenden speziellen Eigentümlichkeiten betreffen die Tentakeln und die Septen. Stets sind 8 gefiederte Tentakeln und 8 vollkommene Septen vorhanden, deren Muskelfahnen sämtlich nach einer Seite (Fig. 32, mf), welche man als die ventrale bezeichnet, gerichtet sind; diese Anordnung der Längsmuskeln an den Septen bedingt eine bilateral-symmetrische Architektonik der Polypen, die nur durch eine Ebene (Fig. 32a—b) in zwei spiegelbildlich gleiche Hälften geteilt werden können. Skelette fehlen höchst selten; sie bestehen aus kohlensaurem Kalk oder einer hornartigen Substanz oder aus beiden. Obwohl die Skelette von Ektodermzellen abgeschieden, resp. in solchen gebildet werden, ist ihre Lage in bezug auf die Weichteile des Körpers eine recht verschiedene. Selten nur umgeben sie peridermartig die Polypen, häufiger liegen sie in der dicken, mittleren Schicht (sogenannte Mesoskelette), oder sie bilden eine zentrale Achse. Die Mesoskelette sind tatsächlich Ektodermbildungen, da die ganze mittlere Schicht von ektodermalen Elementen geformt wird; sie bestehen entweder aus einzelnen, nach den Arten verschieden geformten Kalkkörpern (Alcyonium) oder aus Röhren wie bei der Orgelkoralle, oder aber sie sind baumartig verästelt und wiederholen die Form des Stockes (Edelkoralle), denn fast alle Alcyonarien bilden Cormen. In den beiden letzteren Fällen werden die zuerst isolierten Spicula (Kalkkörper) durch eine Art Zement miteinander verkittet. Die Achsenskelette sind entweder stabartig oder gleich denen der Edelkoralle baumartig verzweigt und unterscheiden sich auf den ersten Blick nicht von diesen; ihre Entstehung ist jedoch eine wesentlich andere. Der aus der

Larve hervorgehende Polyp sondert an seiner Basis ein kleines Skelettplättchen ab, das durch weitere Substanzauflagerungen eine stabförmige Gestalt annimmt und so in den Polypen hineinwächst, stets aber von einer Ektodermschicht überzogen bleibt (Fig. 38).

Die Stöcke entstehen durch Knospung; ihre Form ist eine recht verschiedene, rasen-, fächer-, federartig, baumförmig, knollig. Die Einzelindividuen sind entweder gleich

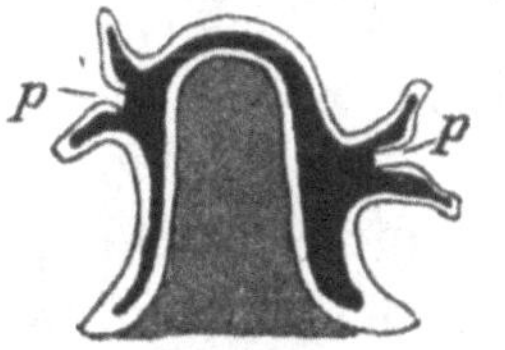

Fig. 38. Schema für die Bildung eines ektodermalen Achsenskelettes. Grau Skelettanlage, weiß Ektoderm, schwarz Entoderm und Gastralraum, p Polypen. Nach Koch.

Fig. 39. Zweig von Corallium rubrum, nach Lacaze-Duthiers.

gestaltet, oder es treten neben den typischen, mit den 8 gefiederten Tentakeln versehenen fertilen, reduzierte, sterile auf, die wahrscheinlich die Aufgabe haben, Wasser in die Cormen einzuführen bzw. dasselbe zu entleeren (Fig. 39). Wie bei den Stöckchen der Hydroidpolypen, so ist auch hier ein, nur dickeres, fleischigeres, Cönosark vorhanden, das alle Individuen verbindet; seine Entstehung ist im Prinzip dieselbe wie dort.

Zu den bekanntesten Alcyonarien gehört die Edelkoralle, Corallium rubrum (Fig. 39), deren prächtige rote Farbe von den rot gefärbten Kalkkörpern herrührt, die Polypen selbst sind farblos; die Stöckchen werden bis 30 cm hoch. Die Edelkoralle findet sich im Mittelmeere, fernerhin bei den Kapverdischen Inseln; Korallenfischerei wird besonders an den Küsten von Sizilien, Sardinien, Algier und Tunis getrieben. Tubipora, die Orgelkoralle, hat ihren Namen von der orgelpfeifenartigen Anordnung der Polypen bzw. der röhrenförmigen Skelette; im Indischen und Stillen Ozean, Roten Meere usw. Alcyonium; Kalkkörper isoliert, Mittelmeer und Nordsee. Pennatula, die Seefeder; Skelett stabförmig; P. phosphorea besitzt gleich vielen anderen Alcyonarien eine intensive Leuchtkraft.

2. O.: **Zoantharia.** Die teils solitär lebenden, teils Kolonien bildenden Zoantharien oder Hexactinien besitzen zahlreiche, schlauchförmige, in Kränzen auf der Mundscheibe angeordnete, niemals gefiederte Tentakeln. Die typische Zahl der Septen beträgt 12; diese sind in 6 Paaren angeordnet und teilen den Gastralraum in 12 Fächer (Fig. 33). Jene beiden Fächer, welche in der Längsrichtung des schlitzförmigen Mundes gelegen sind, bezeichnet man als Richtungsfächer (R), die Muskelfahnen der betreffenden Septen sind voneinander abgewandt. In 4 symmetrisch angeordneten Fächern sind die Muskelfahnen der begrenzenden Mesenterien einander zugewandt, das sind die Binnenfächer (B); die übrigen 6 Räume bezeichnet man als Zwischenfächer (Z). In diesen letzteren, aber nur in diesen, können weitere Septenpaare auftreten; zunächst bildet sich in jedem Fache 1 Paar, wodurch das Fach in 3 Räume, einen mittleren und 2 seitliche, zerlegt wird; in den letzteren erscheinen die nächsten Septenpaare, im ganzen also 12 usw. Alle diese Septen sind aber, im Gegensatz zu den ersten 12, den primären, inkomplett.

Ein von dem besprochenen abweichendes Verhalten finden wir bei einer nicht geringen Anzahl von Hexactinien; besonders erwähnt seien nur die Befunde bei den Edwardsien und Cerianthéen. Die ersteren besitzen 8 Septen wie die Alcyonarien doch sind dieselben etwas anders angeordnet; mit mehr als 100 kompletten Septen, die aber der Muskelfahnen infolge geringer Entwicklung der Längsmuskeln entbehren, sind die Ceriantheen ausgestattet.

Die Mesenterialfilamente sind bei manchen Actinien mit langen, fädigen, muskulösen Anhängen versehen, welche außerordentlich reich an Nesselzellen sind und entweder durch die Mundöffnung oder durch besondere Poren an der Körperwand hervorgeschleudert werden können. Sie dienen der Verteidigung, spielen wohl aber auch beim Fange der Beute eine gewisse Rolle. In erster Linie kommen für diesen Zweck allerdings die Tentakeln in Betracht, mit deren Hilfe die Beutetiere ergriffen und in den Mund gedrängt werden; das in den Nesselkapseln enthaltene Gift macht die Beute hierbei bewegungslos. Im Gastralraum sind es vornehmlich die sich an die Beute anschmiegenden Gastralfilamete, welche die Assimilierung durchführen; gewisse Zellen derselben enthalten ein eiweißverdauendes Ferment und nehmen kleine Fleischpartikelchen auf, die dann verdaut werden. Beachtenswert ist es, daß die Actinien Geschmacksempfindungen zu besitzen scheinen; Fleischstückchen werden stets in den Gastralraum geführt, wenn sie die an Sinneszellen reichen Tentakeln berühren, Papierpfröpfe hingegen nur dann, wenn sie mit Fleischsaft usw. getränkt sind.

Die Scleractinien, Madreporarien oder Steinkorallen, scheiden aus kohlensaurem Kalke bestehende Skelette ab, welche bei den koloniebildenden Formen oft eine sehr bedeutende Größe erreichen und zur Bildung von Korallenbänken und -riffen führen. Das ganze Skelett ist, wie das Achsenskelett der Alcyonarien, ein Produkt des Ektoderms, und zwar spielt auch hier die Fußscheibe des Polypen die Hauptrolle, die Form ist jedoch eine komplizierte. Man unterscheidet an ihm (Fig. 40) die scheibenförmige Basis (b) und die Mauer (Theca, th), welche die seitlichen Partien bildet; von der Mauer gehen die Sclerosepten (sse) aus, welche aber nie in den Weichsepten, Mesenterien, sondern stets zwischen diesen gelegen sind und wie diese, überzogen natürlich von den Weichteilen, mehr oder weniger weit in den Gastralraum vorspringen. In der Mitte des letzteren erhebt sich, von der Basis ausgehend, die säulenförmige Columella (co), in deren Umgebung zuweilen kleinere Säulchen stehen, die **Pali**; rippenartige Vorsprünge an der Außenseite der Mauer, die in ihrer Lage den Sclerosepten entsprechen, heißen Costae; nach außen von den Costae kann sich noch eine zweite Mauer, die Außenmauer oder Epitheca, vorfinden. Zwischen den Sclerosepten endlich treten nicht selten quere Balken und besondere Platten, die Tabulae, auf; die letzteren werden stets dann gebildet, wenn das Skelett des Polypen eine gewisse Höhe erreicht hat; die Weichteile, welche die Höhlung des Skelettkelches ausfüllen, lösen sich los und bilden in einiger Entfernung von der alten Basis eine Tabula, die nun wieder als Basis für die neuentstehenden Sclerosepten usw. dient.

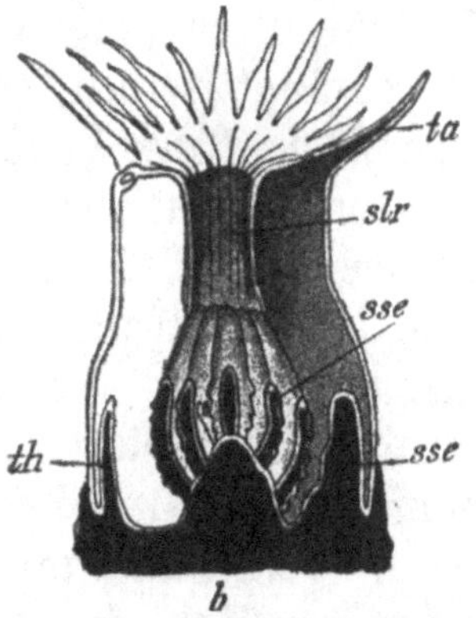

Fig. 40. Längsschnitt durch eine Madreporarie, Skelett schwarz, nach Grobben. b Basis, co Columella, slr Schlundrohr, sse Scleroseptum, ta Tentakel, th Mauer, Theca.

Die Vermehrung der Hexakorallien erfolgt entweder geschlechtlich oder durch Teilung resp. Knospung. Die Teilung, meist eine Längsteilung, ist sehr häufig unvollständig, und dies ist von Wichtigkeit bei den Madreporarien, da alsdann auch die Skelette der Einzeltiere nicht vollständig voneinander geschieden werden.

Man teilt die Zoantharia, gleich den Alcyonarien durchaus marine Tiere, in 3. U.-O.

1. U.-O.: *Actiniaria* (Fig. 41), Seerosen; skelettlose, meist solitär lebende, oft mehrere Zentimeter große Formen; Seerosen

nennt man sie ihrer nicht selten prachtvollen Farben wegen; Actinia equina ist rot gefärbt, mit einem blauen Bande am Rande der Fußscheibe und blauen Säckchen (Nesselbatterien) unterhalb der Tentakeln, am Rande der Mundscheibe; eine grüne Farbe und schwarze Querstreifen zeigt A. Cari. Die genannten, sowie viele andere Arten vermögen sich, auf der Fußscheibe gleitend, langsam zu bewegen, Cerianthus dagegen entbehrt einer Fußscheibe und steckt, umgeben von einer Gallerthülle, im Sande.

Fig. 41. Sagartia nivea, nach Gosse aus Grobben.

2. U.-O.: *Antipatharia*. Mit hornartigem, verästeltem Skelett von schwarzer Farbe.

3. U.-O.: *Madreporaria*, **Steinkorallen.** Selten einzeln lebend, meist stockbildend, mit Kalkskelett. Die Steinkorallen leben in den wärmeren Meeren in einer Tiefe von 1—100 m, gewöhnlich 10—15 m unter der Oberfläche und bedürfen zu ihrer Existenz eines reinen Wassers. Fungia, Caryophyllia solitär; Coeloria, Madrepora kolonienbildend.

2. U.-Kl.: **Scyphomedusae.**

Bei den typischen Vertretern dieser Gruppe, und als solche können wir die Discomedusen betrachten, ist, wenigstens zumeist, eine geschlechtlich erzeugte Polypen- und eine aus dieser auf ungeschlechtlichem Wege durch Teilung hervorgegangene Medusengeneration[1]) zu unterscheiden. Für die Cubo- und Peromedusen sind zugehörige Polypenformen noch nicht bekannt geworden, die zum Teil sessilen Stauromedusen stehen überhaupt der Polypenform noch sehr nahe.

Die zu den Scyphomedusen gehörigen Polypen sind von nur geringer Größe (einige mm); sie besitzen eine kelchförmige Gestalt, 16—24 Tentakeln und 4 Septen. Die Medusen übertreffen die Hydroidmedusen im allgemeinen an Größe sehr bedeutend, ihr Schirmdurchmesser schwankt zwischen 1 cm und 2 m, durchschnittlich beträgt er 5—20 cm.

[1]) Vgl. Meisenheimer; Sammlung Göschen. B. Entwicklungsg. I.

1. O.: **Discomedusae** (Fig. 34), Schirm mäßig gewölbt mit 8 oder mehr Randlappen und Rhopalien; Tentakeln in größerer oder geringerer Anzahl am Schirmrande, zuweilen fehlend; meist 4, seltener 8 lange Mundarme, welche bei den Rhizostomeen eigentümliche Veränderungen erleiden. Jeder der ursprünglich vorhandenen 4 Mundarme spaltet sich bei diesen der Länge nach in 2 Lappen; die freien Ränder eines jeden Lappens verwachsen miteinander, doch so, daß zahlreiche kleine Öffnungen zwischen den Verwachsungsstellen bestehen bleiben, die ebenso viele kleine Mündchen darstellen. Die Hauptmundöffnung schließt sich bis auf 4 Poren, durch welche die Hohlräume der 8 Mundarme mit dem Gastralraume kommunizieren. Bei manchen Formen entwickeln sich dann weiterhin an der Außenfläche der Arme gefaltete, ebenfalls mit kleinen Mündchen versehene Krausen, die sogenannten Schulterkrausen.

Aurelia aurita, die Ohrenqualle; blaßviolett, bläulich oder gelblich; Durchmesser der Scheibe 1—40 cm, Tentakeln kurz, zahlreich. In allen europäischen Meeren, oft in großen Schwärmen. Cyanea capillata; gelblichbraun oder rötlichgelb; Schirmdurchmesser 30 cm bis 1 m. Tentakeln bis 2 m lang in 8 Bündeln; Nord- und Ostsee, oft in ungeheuren Massen. C. arctica; Schirmdurchmesser 2 m; Tentakeln 40 m lang; in nordischen Meeren. Im Mittelmeere sind häufig Chrysaora mediterranea und Pelagia noctiluca, von denen die letztere durch ein starkes Leuchtvermögen ausgezeichnet ist. Zu den Rhizostomeen gehört: Rhizostoma (Pilema) pulmo, häufig im Mittelmeere.

2. O.: **Cubomedusae**, Beutel- oder Würfelquallen. Schirm hochgewölbt, beutel- oder würfelförmig. 4 Rhopalien und 4 Tentakeln oder Tentakelbüschel.

Charybdea marsupialis. Mittelmeer.

3. O.: **Peromedusae.** Diese Medusen leben in Tiefen von 700—2000 Faden im Stillen und Atlantischen Ozean, sowie in den arktischen und antarktischen Meeren. Schirm kegelförmig, hart.

4. O.: **Stauromedusae.** Diese merkwürdigen Medusen zeigen in ihrem Baue eine auffallende Ähnlichkeit mit der Polypenform der Discomedusen, und diese wird dadurch gesteigert, daß manche von ihnen, die Lucernarien, sessil sind. Rhopalien fehlen. Tessera, freischwimmend; Schirm kegelförmig, Rand nicht in Randlappen geteilt, 8 Tentakeln, antarktische Meere. Lucernaria, festsitzend; Gestalt becherförmig in einen Stiel verlängert; Schirmrand mit 8 Armen, an deren Enden Büschel kurzer, geknöpfter Tentakeln sitzen.

Ctenophora, Rippenquallen.

Diese glasartig durchsichtigen, farblosen oder ungemein zart gefärbten, stets freischwimmenden Tiere, deren aus feinen Plättchen bestehenden Bewegungsorgane in allen Farben des Regenbogens spielen, gehören durchaus dem Meere an, zu dessen schönsten Bewohnern sie zählen.

Die Grundform der Ctenophoren ist ein Ellipsoid; solche ellipsoide Gestalten treffen wir nicht nur bei denjenigen Rippenquallen, welche wir für die ursprünglichsten halten dürfen, an, wir finden sie bei den jugendlichen Individuen jener Formen, die im erwachsenen Zustande erheblich anders gestaltet sind, bei den bandförmigen Cestiden und den sackartigen Beroiden. Die beiden Enden der Hauptachse, in welche der Schlund oder Magen und der zentrale Teil des Gastralraumes, der sogenannte Trichter, fallen, sind markiert durch den Mund (Fig. 42) und durch den Sinneskörper, die Statocyste (si). Durch die Hauptachse können wir zwei aufeinander senkrecht stehende Ebenen legen, deren jede den Körper in symmetrische Hälften zerlegt; die eine Ebene ist die Transversal-, Trichter- oder Tentakelebene, in sie fallen die Tentakeln (ta), und sie durchschneidet den Trichter (tr) der Breitseite nach; die andere bezeichnen wir als Sagittal- oder Magenebene, da in sie der Magen (ma) in seiner Breitenausdehnung zu liegen kommt.

Überaus charakteristisch sind für die Rippenquallen die der Bewegung dienenden Rippenstreifen (ri), welche, stets in der Achtzahl vorhanden, in der Nähe des Sinnespoles beginnen und in größerer oder geringerer Entfernung vom Mundpole enden; auf einen Quadranten entfallen demnach ein Paar Rippen. Sie bestehen aus kleinen, viereckigen, 1—4 mm großen Plättchen, die in bestimmten Abständen in einer Reihe hintereinander angebracht sind; jedes Plättchen wiederum setzt sich aus zahlreichen, langen, miteinander verklebten Cilien zusammen. Die gleichzeitig und in regelmäßigen Intervallen ausgeführten schlagenden Bewegungen aller Rippenplättchen ermöglichen es dem Tiere, das Gleichgewicht zu halten und zu schwimmen; reguliert wird die Bewegung von dem am aboralen Pole gelegenen Sinneskörper aus. An dieser Stelle befindet sich ein kleines, von Flimmerzellen ausgekleidetes Grübchen, das von einer Art Glocke überdeckt und geschützt wird; die Glocke selbst wird von den ungemein langen, verklebten Cilien der am Grubenrande stehenden Zellen gebildet. Über dem Boden der Grube schwebt, getragen von vier S-förmig gebogenen Federn, die ebenfalls aus verkitteten Cilien bestehen, der Statolith; jede Feder ist mit einem Flimmerstreifen verbunden, welcher sich nach seinem Austritte aus der Glocke teilt, die Äste ziehen zu den beiden Rippen eines Quadranten; auf diese Weise ist mithin eine Beziehung zwischen den Rippen und dem Statolithen hergestellt. Befindet sich das Tier in der Gleichgewichtslage, so wird vom Statolithen auf alle 4 Federn der gleiche Druck ausgeübt, ist dieselbe gestört, so werden die Federn einem verschiedenen Drucke ausgesetzt sein; der Reiz wird durch die Flimmerstreifen auf die Rippen übertragen, und es kann durch entsprechende Bewegungen die Gleichgewichtslage wiederhergestellt werden. Zerstörung des Sinnesorganes hebt die koordinierten Bewegungen der Rippen auf. In der Magenebene, dicht neben der Glocke, liegen zwei zungenförmige, von einem Flimmerepithel bedeckte Felder, die Polplatten, welche man früher als Geschmacks- resp. Geruchsorgane deutete. Verschiedene Versuche lassen es aber als höchst zweifelhaft erscheinen, ob den Polplatten wirklich diese Bedeutung zukommt; wahrscheinlich ist es nicht, und mit größerem Rechte wird man, wie Experimente zeigten, den Sinneszellen in der Umgebung der Mundöffnung die angedeutete Funktion zuschreiben dürfen. Tastzellen sind über die ganze Oberfläche des Ctenophorenkörpers zerstreut. Bei den Hydroid- und Scyphopolypen lernten wir einen subepithelialen Nervenplexus kennen; ein solcher ist auch für die Rippenquallen von manchen Autoren beschrieben worden, während andere sich von der Existenz desselben nicht zu überzeugen vermochten; es ist zum mindesten aber sehr wahrscheinlich, daß ein solcher vorhanden ist.

Unter jeder Rippe verläuft, eingebettet in die Gallertsubstanz, die wie bei den Medusen die Hauptmasse des Körpers darstellt, hier aber sehr reich an muskulösen Elementen ist, ein Gastralkanal, ein sogenanntes Meridionalgefäß (Fig. 42, meg); diese 8 Gefäße stehen mit dem Zentralteile des Gastralraums, dem schon erwähnten Trichter (tr), durch zwei oder vier ein- oder zweimal gegabelte Radialkanäle in Verbindung; aus dem Trichter entspringen fernerhin zwei an den Breitseiten des Magens verlaufende Gefäße, die sogenannten Magengefäße (mag) und endlich in der Nähe des aboralen Poles zwei sich gabelnde Kanäle, die durch 2 Poren nach außen münden und die Rolle von Exkretionsporen spielen, da durch sie der flüssige Inhalt des Gastralraumes entleert werden kann. In der Wand der Meridionalkanäle entwickeln sich auch die Geschlechtsprodukte, und zwar in ein und demselben Kanal sowohl Spermien wie Eier; die Entleerung derselben erfolgt durch den Mund.

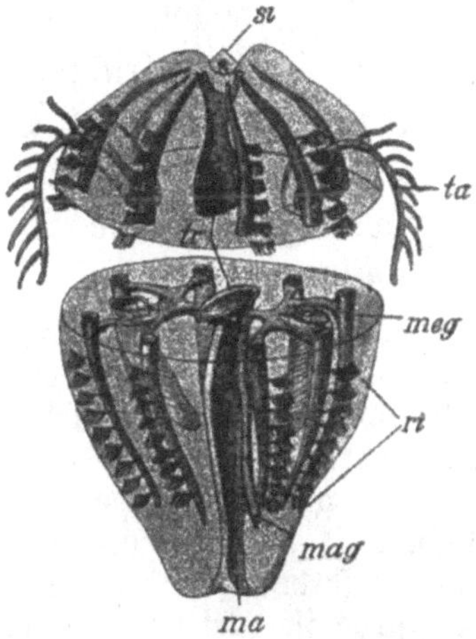

Fig. 42. Hormiphora plumosa, aus R. Hertwig, im Anschluß an Kennel. ma Magen, mag Magengefäß, meg Rippengefäß, ri Rippen, si Sinneskörper, ta Tentakel, abgeschnitten, tr Trichter.

Mit Ausnahme der Beroiden sind alle Rippenquallen mit einem Paar zum Teil recht langer, muskulöser Tentakeln (ta) ausgestattet. Im Ruhezustande liegen dieselben in besonderen Taschen; wenn sie in Aktion treten, werden sie hervorgeschleudert, und die Beutetierchen, besonders kleine Krebse, bleiben an den für die Ctenophoren recht charakteristischen Klebzellen haften. Diese bestehen aus einem kontraktilen Stiele und einem halbkugelförmigen Endstücke, dessen Oberfläche von der Klebsubstanz in Form kleiner Tröpfchen bedeckt wird. Der Mangel an solchen Fangvorrichtungen wird bei den Beroiden durch die gewaltige Größe des Mundes und des Schlundes (Magens) kompensiert.

Zu den schönsten Formen gehört der bandförmige Venusgürtel, Cestum veneris, welcher eine Länge von 1,5 m bei einer Höhe von 8 cm erreichen kann. Bei Berührung treten am Tiere zuerst vereinzelt, dann überall, blaue fluorescierende Flecke auf, die dem ganzen Körper ein prachtvolles Kolorit verleihen; gebunden ist dasselbe an besondere Zellen, die Fluorescenzzellen. Beroë ist von sackförmiger Gestalt und entbehrt der Tentakeln; die Farbe ist zart rosa. Diese Art vermag sehr stark zu leuchten, in geringerem Maße besitzen auch andere Ctenophoren diese Fähigkeit; der Sitz des Leuchtens sind die Gastralgefäße. Eiförmig und kugelig gestaltet sind die Cydippen, Cydippe, deren Bau der ganzen Darstellung zugrunde gelegt wurde. Die gelappten Rippenquallen, die Cestiden und Beroiden, bieten speziell in bezug auf die Konfiguration des Gastralapparates einige Besonderheiten, die zum Teil in der Form der Tiere begründet sind; im Prinzip ist aber auch bei diesen der Bau derselbe wie bei den Cydippen.

Vermes, Würmer.

In dieser Gruppe finden wir eine Anzahl von Tierformen vereinigt, welche in ihrem Baue so bedeutende Verschiedenheiten aufweisen, daß schon mehrfach eine Auflösung der Gruppe vorgeschlagen wurde; eine allgemeine Charakteristik ist mithin nur in sehr allgemeiner Fassung möglich. Der

Körper ist stets bilateral-symmetrisch gebaut, d. h. er läßt sich nur durch eine Ebene in spiegelbildlich gleiche Hälften zerlegen; das Nervensystem ist zentralisiert, es besteht im allgemeinen aus einem Paare über dem Schlunde befindlicher Ganglien, von denen mindestens ein Paar von Längsnerven ausgeht. Für die Lokomotion ist der gewöhnlich aus Ring- und Längsmuskeln zusammengesetzte, dicht unter dem einschichtigen Körperepithel gelegene Hautmuskelschlauch von wesentlichster Bedeutung. Besondere Exkretionsorgane sind bei allen Würmern vorhanden; die meist paarig angeordneten Geschlechtsdrüsen haben eigene Ausführgänge oder treten zu den Exkretionsorganen in Beziehung.

Aus diesen Eigentümlichkeiten der Würmer ergeben sich zugleich auch eine Reihe wesentlicher Unterschiede gegenüber den Cnidariern und Ctenophoren, von denen die letzteren, worauf besonders entwicklungsgeschichtliche Befunde hindeuten, den Würmern verwandtschaftlich nahe stehen dürften. Für den Vergleich mit den Rippenquallen kommen wohl weniger bestimmte Wurmgruppen als vielmehr gewisse Larvenformen in Betracht. Zu den wichtigsten Wurmlarven gehört die sogenannte Trochophora[1]), welche sich in modifizierter Form auch bei Mollusken und Molluskoideen vorfindet und diese somit in Beziehung zu den Würmern bringt; einen etwas einfacheren Bau als die Trochophora weist die sogenannte Protrochula auf, welche in der Entwicklungsgeschichte mancher Turbellarien als Müllersche Larve[1]), in der gewisser Nemertinen als Pilidium[1]) auftritt und zu den Rippenquallen hinüberleitet.

Wir sondern die Würmer in zwei große Abteilungen: Die **Scolecida** und die **Annelida**.

Die **Scolecida** oder niederen Würmer umfassen die Turbellarien (Strudelwürmer), Trematoden (Saugwürmer),

[1]) Vgl. Meisenheimer, Sammlung Göschen. Entw. d. Tiere I.

Cestoden (Bandwürmer), Nemertinen (Schnurwürmer), Rotatorien (Rädertiere), Gastrotrichen, Kinorhynchen, Nematoden (Rundwürmer), Nematomorphen und Acanthocephalen (Kratzer).

Die Turbellarien, Trematoden, Cestoden und Nemertinen fassen wir als **Platyhelminthes,** Plattwürmer, zusammen und stellen ihnen die übrigen als **Coelhelminthes** gegenüber; bei den letzteren ist zwischen der äußeren Körperwand und dem Darme eine mehr oder weniger ansehnliche Höhle, eine Leibeshöhle, vorhanden, bei den ersteren dagegen findet sich an dieser Stelle Bindegewebe und Muskulatur.

Die Scoleciden sind im Gegensatz zu den Anneliden ungegliederte Würmer, welche einer Bauchganglienkette entbehren. Die bei den Cölhelminthen vorhandene Leibeshöhle entspricht ihrer Entstehung nach nicht jener, welche wir an der gleichen Stelle bei den Anneliden vorfinden; die der letzteren ist ein Cölom[1]), eine sekundäre Leibeshöhle, die der ersteren eine primäre, sie ist auf die Furchungshöhle zurückzuführen.

Die 1. Kl. der Scoleciden bilden die **Platyhelminthes, Plattwürmer** oder parenchymatösen Würmer. Der Name Plattwürmer sagt schon, daß es sich im allgemeinen um flache, plattförmige Würmer handelt; ein typisches Bild vom Bau dieser Würmer bieten uns die Vertreter der 1. O, die **Turbellaria** oder **Strudelwürmer**, welche im Meere und Süßwasser, seltener auf dem Lande an feuchten Stellen zu finden sind. Ihre Größe schwankt zwischen etwa 1 mm und 35 cm (Placocephalus Kewensis); zuweilen sind die Tiere farblos und durchsichtig, nicht selten zeigen sie prächtige Färbungen, dies gilt besonders von den Polycladen und den

---

[1]) Vgl. Meisenheimer, Sammlung Göschen, Entw. d. Tiere I. und diesen Band (Archiannelida).

Landplanarien. Am vorderen Körperende oder in der Nähe desselben bemerkt man oft breite, lappige oder mehr griffelförmige Fortsätze, Tentakeln, welche, wie diese ganze Körperpartie überhaupt, der Sitz eines feinen Tast-, vielleicht auch Geschmacksvermögens sein dürften. Auch Haftapparate in Form von kleinen Saugnäpfen oder Sauggruben (manche Planarien) treten an dieser Stelle auf, in der Nähe der Körpermitte ist ein solches Organ bei einem großen Teil der Polycladen zu finden. Hiervon abgesehen sind äußerlich nicht in die Augen fallende Besonderheiten bemerkbar.

Die Körperdecke wird von einem einschichtigen Epithel gebildet, das zumeist allerorten feine Flimmerhaare trägt, die, in fortwährender Bewegung begriffen, bei kleinen Formen zum Schwimmen dienen; bei den größeren Arten dürfte die durch die Cilien hervorgerufene Bewegung und der hierdurch bedingte Wechsel des Wassers von Wichtigkeit für die Atmung sein, welche an der gesamten Körperoberfläche stattfindet, da besondere Atmungsorgane fehlen. In den Epithelzellen liegen kleine, stäbchenartige Gebilde, die für die Turbellarien sehr charakteristischen Rhabditen oder Stäbchen, welche in den Epithelzellen selbst oder in tiefer im Körper befindlichen Zellen gebildet werden. Die Bedeutung der Stäbchen ist noch nicht für alle Fälle sichergestellt; bei manchen Strudelwürmern werden sie aus dem Körper ausgestoßen und wandeln sich unter dem Einflusse des Wassers in Schleimfäden um, an denen kleine Tierchen haften bleiben und dem Wurme zur Beute fallen; bei anderen dürften sie als schützende Schleimhüllen eine Rolle spielen.

Unter dem Epithel liegt eine festere, bindegewebige Membran, und an diese schließt sich der Hautmuskelschlauch an, der zum mindesten aus Ring- und Längsfasern besteht; sehr häufig gesellt sich zu diesen noch eine dritte, aus gekreuzten Fasern bestehende Muskellage, die sich zwischen die beiden genannten einschiebt. Dorsoventrale, also von der Rücken- zur Bauchfläche verlaufende Muskeln fehlen unseren Tieren fast nie, und zu diesen kommen bei den muskelstärkeren Formen noch besondere Züge, die den Körper in der Längs- und Querrichtung durchziehen.

Der Mund, welcher in der Nähe des vorderen, seltener des hinteren Endes oder in der Körpermitte auf der Bauchfläche gelegen ist, führt in einen Schlund oder Pharynx. Im einfachsten Falle stellt der Pharynx ein dünnwandiges Rohr dar (Ph. simplex), welches Mund und Darm verbindet (Fig. 43a); häufiger aber kompliziert sich die Sache dadurch,

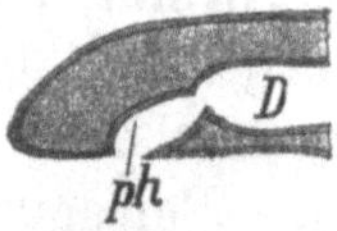

Fig. 43a. Strudelwurm mit Pharynx simplex, Schema.

Fig. 43b. Strudelwurm mit Pharynx compositus. D Darm, ph Pharynx, pht Pharyngealtasche.

daß die Wandung dieses Rohres an einer Stelle in Form einer Ringfalte nach innen vorspringt (Fig. 43b). Wir bezeichnen nunmehr diese Falte als Schlundkopf oder Pharynx (ph), den taschenartigen Raum, in welchen sie eingeschlossen ist, als Pharynxtasche (pht) und sprechen von einem **Pharynx compositus**. Ein derartiger Pharynx, welcher zylindrisch, glocken-, kragen- oder tonnenförmig usw. gestaltet sein kann, vermag nun von seinem Besitzer meist weit hervorgestreckt zu werden und stellt mit Rücksicht auf seinen Reichtum an Muskeln und Drüsen einen Apparat dar, welcher auch zur Bewältigung größerer Beutestücke geeignet ist. Der Darm der rhabdocölen Turbellarien ist einfach stab- oder sackförmig, daher der Name Stabdärmler (Fig. 44); aus drei, mit kleineren oder größeren seitlichen Divertikeln versehenen Hauptästen besteht er bei den Tricladen; der eine dieser Hauptäste (Fig. 45, D) liegt vor dem Pharynx, die beiden anderen erstrecken sich nach hinten. Eine größere Anzahl von Darmästen treffen wir bei den Polycladen an; bei diesen sind die Darmäste entweder wie bei den Tricladen

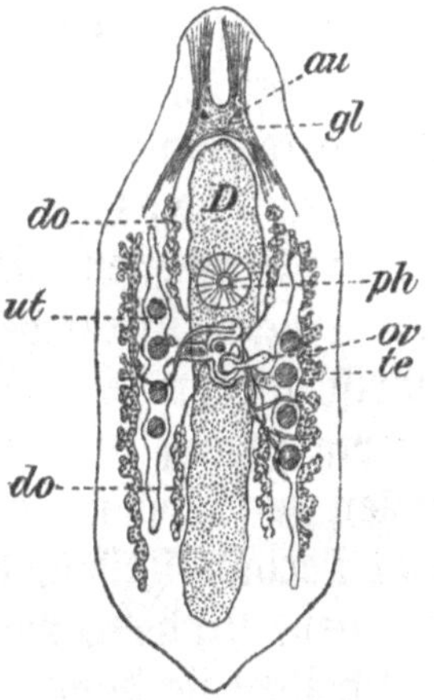

Fig. 44. Mesostoma Ehrenbergii. au Auge, D Darm, do Dotterstock, gl Gehirn, ov Keimstock, ph Pharynx, te Hoden, ut Uterus.

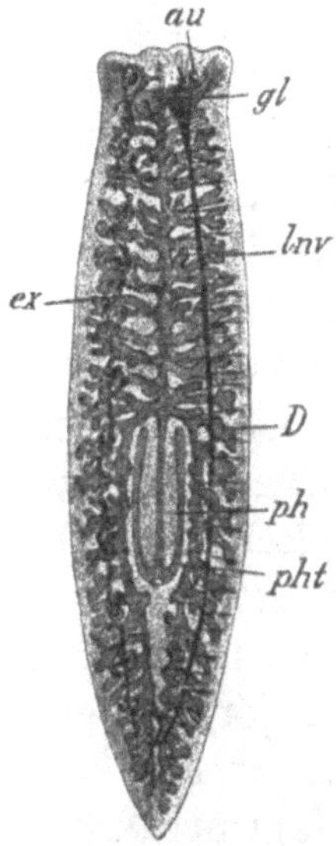

Fig. 45. Planaria lactea, nach Ijima, verändert. D Darm, ex Exkretionskanal, gl Gehirn, lnv ventraler Längsnerv, ph Pharynx, pht Pharyngealtasche, au Auge.

mit blind endenden Divertikeln versehen, oder aber sie verbinden sich zu einem Netzwerke. Durch diese reiche Verzweigung des Darmes bei Tricladen und Polycladen erfährt natürlich die resorbierende Darmoberfläche eine ganz bedeutende Vergrößerung, und weiterhin wird hierdurch auch die Verteilung der ernährenden Substanzen im Körper, ihre Zufuhr zu den verschiedenen Organen erleichtert werden.

Eigentümliche Verhältnisse bezüglich der Ausbildung des Darmes zeigen die acölen Strudelwürmer. Ein Darm im eigentlichen Sinne fehlt; an seiner Stelle ist entweder eine kernreiche Plasmamasse vorhanden, hervorgegangen aus der Verschmelzung einer größeren Anzahl von Zellen, oder wir sehen ihn ersetzt durch amöboid bewegliche Zellen (Freßzellen), die im Körper umherwandern und sich um aufgenommene Nahrungskörper ansammeln, um sie aufzuzehren.

Größere unverdauliche Reste werden durch den Mund wieder nach außen entleert, da eine Analöffnung stets fehlt; die Entfernung der im Körper gebildeten unnützen oder schädlichen Stoffwechselprodukte geschieht durch die Exkretionsorgane. Die in einem bis vier Paaren vorhandenen, vielfach gewundenen, den Körper in ganzer Länge durchziehenden Hauptexkretionskanäle geben feine, meist wiederum verästelte Seitenzweige ab, deren freie Enden ein wenig trichterartig erweitert und von eigentümlichen Zellen verschlossen werden; diese sternförmig verästelten End- oder Terminalzellen, deren Ausläufer in das umgebende Bindegewebe strahlen, nehmen aus diesem die Exkretstoffe auf und scheiden sie dann in die Kanälchen aus. An der Verbindungsstelle mit diesen tragen sie ein Büschel langer Cilien, das durch seine lebhaften Schwingungen die natürlich flüssigen Exkretstoffe aus dem Endkanälchen in die weiteren, mit Cilien oder Geißeln ausgestatteten Kanäle treibt; von hier gelangen sie dann in die Hauptkanäle (Fig. 45, ex) und schließlich durch die Exkretionsporen nach außen. Manche Turbellarien besitzen nur einen solchen Porus, andere zwei oder auch zahlreiche.

Der Zentralteil des Nervensystems (Fig. 44, 45, gl), das Gehirn, besteht aus zwei mehr oder weniger kompliziert gebauten und miteinander verbundenen Ganglien, welche zumeist in der Nähe des vorderen Körperpoles gelegen sind. Ein Teil der von ihm ausgehenden Nerven verbreitet sich am vorderen Körperende und steht mit den hier befindlichen Sinnesorganen in Verbindung, ein anderer Teil durchzieht den hinter dem Gehirne befindlichen Körperabschnitt in ganzer Ausdehnung. Von diesen sogenannten Längsnerven zeichnet sich bei fast allen Turbellarien ein der Bauchfläche anliegendes Paar (Fig. 45, lnv) durch besondere Stärke aus, es sind dies die ventralen Längsnerven, die bei Tricladen und Polycladen durch zahlreiche, ziemlich regelmäßig angeordnete Querkommissuren miteinander verbunden werden und die ihrerseits Nerven zu den verschiedenen Organen und verbindende Faserzüge zu den übrigen Längsnerven entsenden.

Von Sinnesorganen sind Augen sehr weit verbreitet; ihre Zahl schwankt zwischen zwei (Fig. 44, 45, au) und einigen Hunderten, ihre Lage ist eine ziemlich variable. Wir finden sie an verschiedenen Stellen des Vorderendes, in den Tentakeln und am ganzen Körperrande. Sie dienen allem Anschein nach nur dazu, um die Tiere über die Richtung und Stärke der Lichtquelle zu orientieren. Statische oder Gleichgewichtsorgane wurden bei den acölen und einigen rhabdöcolen Strudelwürmern (den Monocelididen) nachgewiesen; Wimpergrübchen, das sind kleine, von Wimperzellen ausgekleidete und durch Nerven mit dem Gehirne verbundene, grubenartige Vertiefungen in der Haut, treffen wir bei Rhabdocöliden und Tricladen nicht selten an; sie sind vielleicht der Sitz eines besonders feinen Geruchs- oder Geschmacksvermögens. Allerdings wissen wir hierüber noch wenig.

Die meisten Strudelwürmer sind Hermaphroditen; der Bau und die Anordnung der Geschlechtsorgane sind wie die Form des Darmes von systematischer Bedeutung. Bei den Rhabdocöliden sind im allgemeinen zwei schlauchförmige oder aus kleinen Bläschen bestehende, sogenannte follikuläre Hoden (Fig. 44, te) vorhanden, fernerhin 1 oder 2 Eierstöcke

(Ovarien, ov) und meist auch 2 Dotterstöcke (do); diese letzteren liefern das Nährmaterial für den sich entwickelnden Embryo, da die Eier selbst häufig zu arm hieran sind. Die Samen- und Eileiter sowie die Ausführgänge der Dotterstöcke münden entweder in einen gemeinsamen Raum (Genitalatrium), der sich durch den Geschlechtsporus nach außen öffnet, oder es sind zwei solche Genitalatrien vorhanden, von denen das eine mit den männlichen, das andere mit den weiblichen Geschlechtsdrüsen verbunden ist. An jener Stelle, an welcher die Ausführgänge der Hoden in den Geschlechtsvorhof münden, bildet sich fast stets ein besonderes männliches Begattungsorgan, ein Penis, aus, der den Samen in ein anderes Individuum überleitet; denn trotz der Zwitterigkeit ist die Besamung der Eier eine wechselseitige. Zur Aufnahme des Samens ist gewöhnlich in der Nähe der Einmündungsstelle der Eileiter eine besondere, taschenartige Ausstülpung der Wandung des Genitalatriums vorhanden, eine sogenannte Bursa seminalis, in welcher der Samen bis zu seiner Verwendung aufbewahrt wird. Die Entwicklung der besamten, mit Dottermaterial und einer festen Schale umgebenen Eier erfolgt häufig in Aussackungen des Geschlechtsvorhofs, in den Uteri (ut), oder es werden die Eier alsbald nach außen abgelegt. Bemerkenswert ist es, daß bei manchen Stabdärmlern, den Typhloplaninen, 2 Arten von Eiern gebildet werden, dünnschalige und dotterarme, die sich im Körper des Muttertieres rasch entwickeln und dickschalige, dotterreiche, welche abgelegt werden und längere Zeit zur Entwicklung brauchen; diese letzteren, die sogenannten Dauereier, vertragen Kälte sowie Austrocknung und sind daher für die Erhaltung der Art in gewisser Richtung wichtig, während durch die anderen, die Subitaneier, die Zahl der Individuen rasch vermehrt und dadurch das Bestehen der Art begünstigt wird.

Die Tricladen besitzen zahlreiche Hoden, 2 Eierstöcke und wohlentwickelte Dotterstöcke; die Ausführgänge der genannten

Organe führen in einen gemeinsamen Raum, in welchem der oft recht kompliziert gebaute Penis gelegen ist. Ein häufig vorhandenes blasiges Organ, fälschlich Uterus genannt, dient zur Aufbewahrung des Samens. Bei diesen Strudelwürmern werden eine größere Anzahl Eier sowie Hunderte von Dotterzellen von einer gemeinsamen Schalenhülle umgeben; man bezeichnet derartige Bildungen als Eikapseln oder Kokons; die Entwicklung erfolgt außerhalb des mütterlichen Körpers.

Den Polycladen fehlen Dotterstöcke; hier sind nur Hoden und Eierstöcke, beide aber in großer Anzahl vorhanden; Samen- und Eileiter münden getrennt voneinander in je einen Geschlechtsvorhof.

Außer der geschlechtlichen ist ungeschlechtliche Vermehrung durch Teilung bei den Stenostomiden und Mikrostomiden sowie bei manchen Tricladen häufig; sehr bedeutend ist fernerhin die Fähigkeit dieser Tiere, verlorengegangene Teile wiederzuersetzen.

1. U.-O.: *Rhabdocoelida;* kleine oder nur mäßig große Turbellarien mit stab- oder sackförmigem Darme. Microstoma und Stenostoma besitzen einen einfachen Pharynx und Wimpergrübchen; Vermehrung während des größten Teiles des Jahres durch Querteilung. Mesostoma Ehrenbergii (Fig. 44); blattförmig, durchsichtig, produziert Subitan- und Dauereier; Dalyellia (Vortex) viridis, durch Algen grün gefärbt; beide mit Pharynx compositus. Convoluta, acöl, marin.

2. U.-O.: *Tricladida;* mittelgroße und große Strudelwürmer, deren Darm aus 3 Hauptästen besteht; die Mundöffnung liegt stets in der Nähe der Körpermitte. Im süßen Wasser finden sich überall die Gattungen Planaria (Fig. 45) mit 2 und Polycelis mit zahlreichen Augen. Von Landplanarien kommen in Europa nur einige Rhynchodemus-Arten (Rh. terrestris, pyrenaicus) und Microplana humicola vor. In den Warmhäusern botanischer Gärten ist Placocephalus Kewensis, eine aus den Tropen eingeschleppte Form, nicht selten.

3. U.-O.: *Polycladida;* zum Teil prachtvoll gefärbte, durchaus marine Formen von meist ansehnlicher Größe. Thysano-

zoon, mit zahlreichen Papillen auf dem Rücken; Anonymus virilis besitzt eine größere Anzahl männlicher Geschlechtsapparate, die in 2 Reihen angeordnet sind.

2. O.: Trematodes, Saugwürmer.

Die durchaus parasitisch lebenden Saugwürmer schließen sich in ihrer Gesamtorganisation innig an die Turbellarien an. Sie unterscheiden sich von diesen durch den Besitz kräftiger Haftapparate, durch die Form des auch hier stets afterlosen Darmes, den Mangel eines flimmernden Körperepithels und einige Besonderheiten im Baue des Geschlechtsapparates.

Die äußerlich auffälligsten Bildungen an dem fast stets platten, zuweilen auch walzenartigen, im Umrisse kreis-, spatel- oder zungenförmigen Körper sind die Haftapparate, die gewöhnlich in Form von Saugnäpfen, seltener als Haken auftreten; es liegt auf der Hand, daß sie bei den Ektoparasiten, den an der Außenfläche der Wirtstiere lebenden Formen, stärker entwickelt sein werden als bei den Entoparasiten, die sich im Innern von Organen aufhalten. Bei den ersteren finden wir meist am Vorderende einen oder zwei kleine Saugnäpfe, am Hinterende dagegen eine sehr große Haftscheibe (Fig. 46), die häufig an ihrer ventralen Fläche mit kleinen Saugnäpfen und Haken besetzt ist; bei den letzteren sind zumeist 2 Saugnäpfe von mäßiger Größe vorhanden, von denen der eine (Fig. 47, msn) am Vorderende in der Umgebung der Mundöffnung liegt und als Mundsaugnapf bezeichnet wird, während der andere (bsn), in der Nähe der Körpermitte oder auch am Hinterende befindliche, Bauchsaugnapf heißt. Die äußerste Schicht des Körpers wird von einer bei manchen Formen mit stachel- oder hakenartigen Bildungen versehenen Cuticula gebildet, welche das Abscheidungsprodukt spindelförmiger Zellen ist, die sich aber mit der Cuticula nur durch feine Plasmastränge verbinden, im übrigen jedoch tiefer in den Körper gerückt sind; der Hautmuskelschlauch sowie die dorsoventralen Fasern verhalten sich wie bei den Turbellarien.

Der bei den meisten Formen in der Nähe der vorderen Körperspitze auf der Ventralseite resp. in der Tiefe des Mundsaugnapfes gelegene Mund führt in einen muskulösen Pharynx (Ph. compositus), an den sich der zweischenkelige, sehr selten einfach sackartige Darm anschließt; verästelte seitliche Divertikel an den Darmschenkeln finden sich zuweilen vor, so z. B. bei Fasciola hepatica, dem großen Leberegel, Anastomosen zwischen den Darmschenkeln zeigt Polystomum (Fig. 46). Die Darmepithelzellen haben wie bei den Turbellarien, aber in höherem Maße, die Fähigkeit, pseudopodienartige Fortsätze auszusenden, mittels deren Blutkörperchen usw. in eigentümlicher Weise verändert, aufgelöst und resorbierbar gemacht werden.

Die Exkretionsorgane (Fig. 47, ex) ähneln denen der Turbellarien; es sind 2 oder 4 Hauptkanäle vorhanden, deren feinste Seitenäste Terminalzellen tragen. Das Nervensystem zeigt im wesentlichen dieselbe Konfiguration wie da. Die Sinnesorgane sind im Vergleich mit denen der Strudelwürmer gering entwickelt, dies steht natürlich in Verbindung mit der parasitischen Lebensweise. Augen finden sich bei einigen Ektoparasiten und den freilebenden Larvenformen einiger Entoparasiten; Tastorgane sind allgemeiner.

Mit wenigen Ausnahmen, z. B. Schistosomum, sind die Trematoden Zwitter. Bei den Entoparasiten finden wir typisch 2 eiförmige, gelappte oder verästelte, in, vor oder hinter der Körpermitte gelegene Hoden (Fig. 47, te); die beiden aus den Hoden entspringenden Samenleiter vereinigen sich zu einem mehr oder weniger muskulösen, häufig von einem besonderen Beutel, dem Cirrusbeutel, umschlossenen Kanale (ci), der bei vielen Formen vorgestülpt werden kann und so zu einem penisartigen Kopulationsorgane wird, das man gewöhnlich als Cirrus bezeichnet. An der Bildung des weiblichen Geschlechtsapparates beteiligen sich ein Eierstock (ov), der in bezug auf Form und Lage die gleichen Varianten zeigt wie die Hoden, und zwei stets in den seitlichen Körperpartien gelegene Dotterstöcke (do). In die von besonderen Drüsen, den Schalendrüsen, umstellte Vereinigungsstelle des Eileiters und der Dotterstockgänge mündet ein an der Rückenfläche der Tiere beginnender Gang von unbekannter Bedeutung, der Laurersche Kanal (lc), und hier beginnt auch der Uterus (ut), dessen Anfangsteil meist etwas blasig erweitert ist und als Ootyp bezeichnet wird; im Ootyp werden die Eier besamt, mit Dottermaterial und einer Schale umgeben. Der Uterus durchzieht in zahlreichen Windungen einen größeren oder kleineren Teil des Körpers und mündet dicht neben der männlichen Geschlechtsöffnung aus; der dem Genitalporus zunächst liegende Teil des Uterus dient zugleich auch als Scheide, wir finden ihn daher häufig von Sperma erfüllt, das allmählich zum Ootyp vordringt. Die Ektoparasiten besitzen dagegen eine vom Uterus vollständig getrennte Scheide, zuweilen sogar deren zwei (z. B. Polystomum, Fig. 46, va); dem Laurerschen Kanal entspricht hier wahrscheinlich ein Gang, der von der Gegend des Ootyp ausgeht und in den Darm einmündet, der Ductus genito-intestinalis; er leitet allem Anscheine nach überschüssiges Dottermaterial ab, das auf diese Art Verwendung findet und dem Tiere wieder zugute kommt. Die Eier der entoparasitischen Formen durchlaufen gewöhnlich die ersten Stadien der Entwicklung im Uterus, die der Ektoparasiten werden schon vor dem Beginne derselben abgelegt. Die Entwicklung ist bei den letzteren eine ziemlich direkte, bei den ersteren dagegen liegt entweder eine komplizierte Metamorphose oder Alloiogenesis[1]), ver-

[1]) Man verwendet auch oft den Ausdruck Heterogonie statt Alloiogenesis.

bunden mit Pädogenese, vor. Im letzteren Falle entwickelt sich aus dem Ei eine Larve, Miracidium genannt, welche in ein Weichtier eindringt und sich hier unter Rückbildung vorhandener Organe (Darm, Sinnesorgane) in ein schlauchförmiges Gebilde, die Sporocyste, umwandelt. Einen Teil

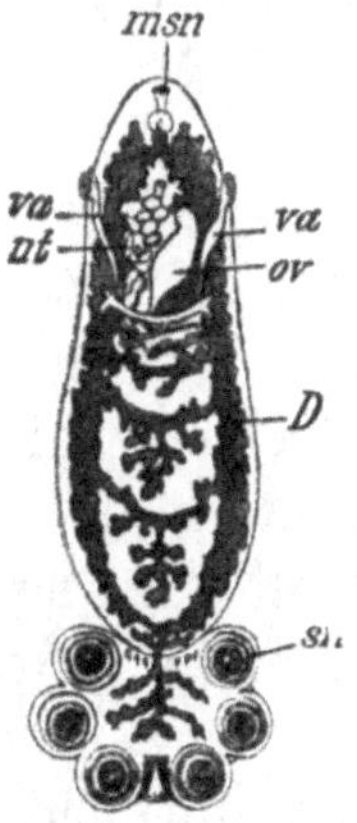

Fig. 46. **Polystomum integerrimum, nach Zeller aus Grobben.** D Darm, msn Mundsaugnapf, ov Ovar, sn Saugnäpfe an der hinteren Saugscheibe, ut Uterus, va Vaginen.

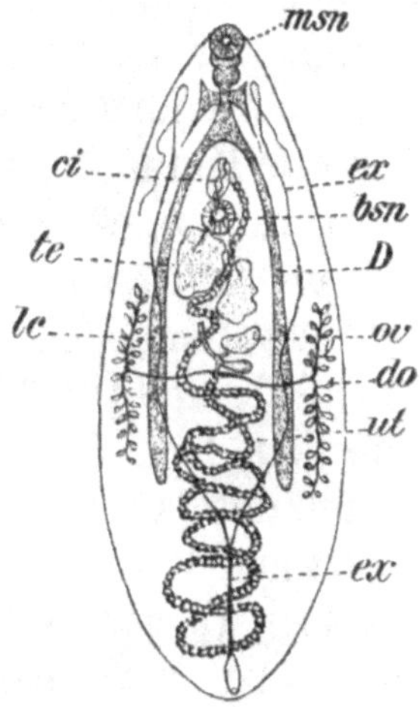

Fig. 47. **Dicrocoelium lanceatum.** bsn Bauchsaugnapf, ci Cirrus im Cirrusbeutel, D Darm, do Dotterstock, ex Exkretionskanäle. lc Laurerscher Kanal, msn Mundsaugnapf, ov Ovar, te Hoden, ut Uterus.

der in der Sporocyste vorhandenen Zellen können wir gewissermaßen als Eizellen auffassen, die die Fähigkeit haben, sich parthenogenetisch, d. h. ohne Befruchtung zu entwickeln. Aus diesen gehen die sogenannten Redien hervor, schlauchförmige, aber mit Mund und Darm versehene Tiere, die gleich den Sporocysten aus indifferenten Zellen (Eiern) auf parthenogenetischem Wege die Larven, Cercarien, der betreffenden Saugwürmer erzeugen; die Cercarien gleichen in ihrem Baue im wesentlichen den Geschlechtstieren, doch sind bei ihnen die Genitalorgane erst in der Anlage vorhanden, und weiterhin besitzen sie Organe (Bohrstachel, Ruderschwanz), die späterhin verschwinden und die Cercarien befähigen, das Weichtier, den bisherigen Wirt, zu verlassen und in einen anderen einzudringen. In diesem encystieren sie sich und müssen nun zur weiteren Entwicklung in den End- oder definitiven Wirt übertragen werden.

Der ganze Entwicklungsgang kann in verschiedener Weise modifiziert werden, es kann z. B. die Generation der Redien ausfallen und es können die Cercarien in den Sporocysten direkt aus den Keimzellen (Eizellen) derselben erzeugt werden. Das wesentliche und für Alloiogenesis charakteristische ist: Das Vorhandensein wenigstens zweier Generationen, von denen sich die eine aus befruchteten, die andere aus unbefruchteten Eizellen entwickelt und daß die eine der Generationen aus Larvenformen (daher Pädogenese), den Miracidien, besteht. (Für Details vgl. v. Wagner und Meisenheimer, a. a. O.)

1. U.-O.: *Heterocotylea.* Ektoparasitisch am Körper von Fischen, aber auch in der Harnblase von Amphibien und Reptilien lebende Formen. Ein großer Haftapparat am hinteren, ein oder zwei kleinere Saugnäpfe am vorderen Körperende; Exkretionsorgane durch 2 Poren auf der Rückenfläche ausmündend; 1 oder 2 Scheiden; Entwicklung direkt, ohne Wirtswechsel. Gyrodactylus elegans, an den Kiemen von Fischen; Polystomum integerrimum (Fig. 46) in der Harnblase der Frösche.

2. U.-O.: *Malacocotylea.* Entoparasitische Trematoden mit 1 oder 2 Saugnäpfen; ein Exkretionsporus am Hinterende. Vaginen fehlen. Die Entwicklung ist entweder eine mit Wirtswechsel verbundene Metamorphose (Holostomiden), in deren Verlauf zwei Larvenformen auftreten, oder Alloiogenesis, verbunden mit Pädogenese (siehe oben). Hierher gehören: Fasciola hepatica, in den Gallengängen zahlreicher pflanzenfressender Säugetiere, Schaf, Rind, Ziege, gelegentlich auch in denen des Menschen. Zwischenwirt Limnaeus minutus. Die Cercarien encystieren sich an Wasserpflanzen (zweiter Zwischenwirt aus-

gefallen) und werden mit diesen in die obengenannten Wirte aufgenommen.

Dicrocoelium lanceatum (Fig. 47), kleiner Leberegel; Vorkommen wie bei F. hepatica; Zwischenwirt unbekannt. Schistosomum haematobium; getrennt geschlechtlich; in der Pfortader und in den Venen des Unterleibes des Menschen. Ägypten. Zwischenwirt unbekannt.

3. O.: **Cestodes, Bandwürmer.** Einige wenige Bandwürmer (Amphilina, Caryophyllaeus) ähneln in ihrer Form den Saugwürmern, unterscheiden sich aber von denselben in ihrem Baue durch den vollständigen Mangel eines Verdauungsapparates. Bei den meisten Cestoden jedoch läßt der Körper eine Differenzierung in 2 Hauptabschnitte erkennen (Fig. 48); den einen bildet der stets in der Einzahl vorhandene Scolex (scl), den anderen die Kette der Glieder oder Proglottiden (prog). Der vorderste verdickte Teil des Scolex, der Kopf, dient zur Verankerung des Bandwurmkörpers an der Darmwand und ist zu diesem Zwecke mit Saugorganen und Haken ausgestattet; die ersteren, seien es nun komplizierter gebaute Saugnäpfe oder einfachere Sauggruben, sind stets vorhanden, Haken können fehlen. Die Form der Haken ist eine ziemlich variable, desgleichen auch ihre Anordnung. Gewöhnlich sind sie in Kränzen angeordnet und ruhen auf einem aus Muskeln und Bindegewebe bestehenden, an der Spitze des Kopfes gelegenen Polster, dem Rostellum (ro); Kontraktionen der Muskeln des Rostellums verändern die Stellung der Haken, die Spitzen derselben können gehoben sowie gesenkt und in die Darmwand eingeschlagen werden. Bei den Rhynchobothrien stehen die Haken auf 4 beweglichen,

Fig. 48. Taenia solium, Vorderende. prog Proglottiden, ro Rostellum mit Haken, scl Scolex.

fadenförmigen Anhängen, den sogenannten Rüsseln. Von dem verschmälerten Teil des Scolex, dem Halse, geht die Bildung der Glieder aus, deren Zahl nach den Bandwurmarten eine sehr verschiedene ist; nur 3 oder 4 Glieder besitzt Taenia echinococcus, 3000—4000 sind bei Dibothriocephalus latus vorhanden. Die Geschlechtsapparate sind auf die Proglottiden beschränkt; haben sich die Eier entwickelt, so werden die betreffenden Glieder abgestoßen, und durch fortwährende Bildung neuer vom Halsteile aus wird Ersatz geschaffen.

Eine Cuticula bedeckt wie bei den Saugwürmern den Körper; sie ist wie dort durch feine Plasmastränge mit spindelförmigen Zellen verbunden, die nach innen vom Hautmuskelschlauche gelegen sind und als Epithelzellen aufgefaßt werden. Alle Organe sind in ein vornehmlich aus sternförmigen Zellen bestehendes, von Muskelzügen durchsetztes Gewebe eingebettet, das den Namen Parenchym führt; in den Lücken dieses Gewebes liegen verkalkte Zellen in großer Zahl. Welche Bedeutung dieselben besitzen, ist nicht bekannt; man hat in ihnen einen Schutzapparat gegen die Einwirkung der Verdauungssäfte vermutet, doch lassen sich gegen diese Auffassung sehr gewichtige Gründe ins Feld führen. Ein Darm fehlt sämtlichen Bandwürmern. Die Aufnahme der Nahrung aus dem im Darme der Wirtstiere befindlichen Speisebrei erfolgt auf osmotischem Wege, das ist sicher; im einzelnen wissen wir aber hierüber nichts. Die Exkretionsorgane schließen sich in ihrer Gesamtanordnung und in ihrem Baue an die der Strudel- und Saugwürmer an; 2, 4 oder mehr ansehnliche Hauptkanäle, welche im Scolex bei vielen Formen durch einen Ringkanal verbunden sind, durchziehen die ganze Gliederkette; am Endgliede münden sie nach außen, und häufig sind auch noch feinere Exkretionsporen an verschiedenen Körperstellen vorhanden. Im Kopfe liegen 2 relativ kleine Ganglien, von denen die Nerven zu den Saugnäpfen, eventuell zum Rostellum ausgehen; 6—10 zum Teil sehr ansehnliche und mit einem Belag von Ganglienzellen versehene Nerven treten in die Proglottidenreihe über, diese der ganzen Länge nach durchsetzend. Diese Nerven stehen in den einzelnen Gliedern durch ringförmig angeordnete Commissuren in Verbindung, und besonders kompliziert ist das Commissurensystem im Scolex. Die Sinnesorgane sind begreiflicherweise sehr reduziert. Man kennt

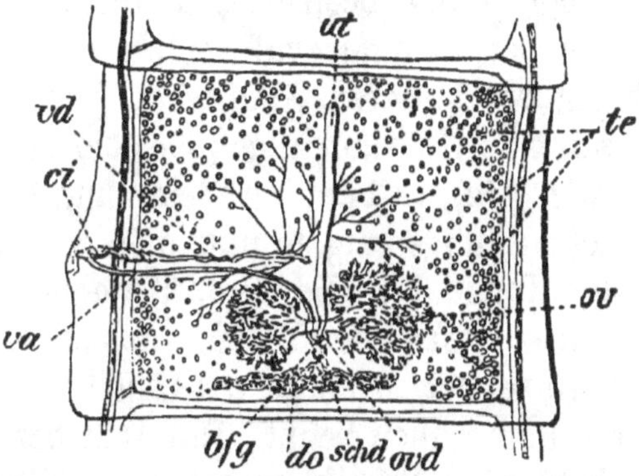

Fig. 49. Proglottis von Taenia saginata, aus R. Hertwig nach Sommer. bfg Befruchtungsgang, ci Cirrus, do Dotterstock, ov Ovarien, ovd Oviduct, schd Schalendrüse, te Hoden, ut Uterus, va Vagina, vd Samenleiter.

in der Hautschicht endende Sinneszellen; über ihre Bedeutung sind wir nur auf Vermutungen angewiesen, vielleicht sind es Geschmacksorgane.

Die Bandwürmer sind Zwitter, und zwar enthält jede Proglottis gewöhnlich einen männlichen und einen weiblichen Genitalapparat, zuweilen wird auch eine Verdoppelung beider beobachtet, so z. B. bei Dipylidium caninum. Im allgemeinen besteht der männliche Apparat aus zahlreichen Hoden (Fig. 49, te), deren feine Ausführgänge sich zu einem starken Samenleiter, Vas deferens (vd), vereinigen; der muskulöse, in einen ebenfalls muskulösen Beutel eingeschlossene Endabschnitt des Vas deferens, der Cirrus (ci), ist vorstreckbar oder vorstülpbar. An der Bildung des weiblichen Apparates haben zunächst 2 meist in der hinteren Hälfte des Gliedes gelegene Ovarien (ov) und 1 oder 2 Dotterstöcke (do), die entweder in den seitlichen Partien der Proglottis, oder hinter den Keimstöcken liegen (Fig. 49), teil. Die männliche Geschlechtsöffnung liegt entweder am Rande des Gliedes oder auf der ventralen Fläche desselben, in ihrer nächsten Nähe befindet sich die der Vagina (va). Diese wendet sich meist in einem Bogen der hinteren Fläche der Proglottis zu und vereinigt sich mit dem Ausführgange (ovd) der beiden Ovarien zu einem Kanale (bfg), in dem die Besamung der Eier stattfindet; der Befruchtungsgang nimmt alsdann den oder die Dotterstockgänge sowie die Schalendrüsengänge (schd) auf und geht in den Eihalter oder Uterus (ut) über, welcher bei den Tänien blind endet, bei anderen Cestoden dagegen eine eigene Öffnung nach außen besitzt. Zur Zeit der Geschlechtsreife legt sich der anfänglich ein grades Rohr bildende Uterus in zahlreiche Schlingen, oder es bilden sich an ihm seitliche Divertikel, deren Anordnung und Zahl von systematischer Bedeutung sind. Die Eier entwickeln sich bei manchen Bandwürmern innerhalb des Uterus bis zum 6 hakigen Embryo, auch Oncosphära genannt, bei anderen durchlaufen sie nur die ersten Stadien der Entwicklung im mütterlichen Körper, die übrigen bis zur Ausbildung der Oncosphäre außerhalb desselben. Die Oncosphären sämtlicher Cestoden müssen zu ihrer weiteren Entwicklung in einen geeigneten Wirt gelangen; lebt derselbe im Wasser, so besitzen die Embryonen Einrichtungen, welche sie nach dem Verlassen der Schale zum Schwimmen oder Schweben im Wasser befähigen, ist derselbe ein Landtier, so sind sie mit dicken Hüllen umgeben, die Schutz vor dem Austrocknen und zu großer Feuchtigkeit gewähren. Die Oncosphären, deren Übertragung in den Wirt passiv, gewöhnlich mit der Nahrung, erfolgt, dringen mit Hilfe ihrer Haken vom Magen oder Darme aus in das Innere des ersten Wirtes oder Zwischenwirtes ein, bei ihrer Wanderung den Blutstrom benützend; sie siedeln sich in den verschiedensten Organen an und wandeln sich in Finnen um. Die unter diesem Namen bekannten Entwicklungszustände der Cestoden sind etwas verschiedenartig gebaut und gestaltet und daher mit verschiedenen Bezeichnungen, Cysticercen, Cysticercoide, Plerocercen, Plerocercoide, Echinokokken, Cönuren bedacht worden; am Körper der Vertreter der 4 zuerst genannten Kategorien unterscheidet man den Scolex und einen blasigen Teil, an der Blasenwand der Echinocokken und Cönuren entwickeln sich zahlreiche Scoleces. Die Finne muß, um sich zum Bandwurme entwickeln zu können, in den definitiven Wirt übertragen werden; das geschieht im allgemeinen mittels der Nahrung. Die Blasenteile werden verdaut und der Scolex wird im Darme zum Bandwurme; es bedarf bis zur vollen Ausbildung der geschlechtsreifen Proglottiden eines Zeitraums von wenigen Tagen (z. B. Ligula) bis zu einigen Wochen (Taenia saginata, T. solium 9 bis 12 Wochen); T. saginata vermag sich pro Tag um ca. 7 cm zu vergrößern.

Dibothriocephalus latus; Länge bis 9 m, 3000—4000 Glieder, Scolex mandelförmig mit 2 Sauggruben, 2—3 mm lang. Im Darme des Menschen; Finne im Fleische des Hechtes, Barsches, Lachses, der Forelle und Quappe. Taenia solium; 2—3 m lang, 800—900 Proglottiden; Kopf mit 4 Saugnäpfen und einem Kranze von 22—32 Haken; der Uterusstamm trägt 7—12 verästelte Divertikel. Im Darme des Menschen; die Finne (Cysticercus cellulosae) in den Muskeln des Schweines, gelegentlich auch im Unterhautbindegewebe, dem Auge und Gehirne des Menschen. T. saginata; 4—10 m lang, ca. 1000 Proglottiden; Kopf mit 4 Saugnäpfen, ohne Haken. Uterusstamm mit 20—30 Seitenzweigen. Im Darme des Menschen; die Finne (Cyst. bovis) im

Fleische des Rindes. T. echinococcus; die 2,5—6 mm lange Taenie lebt nur im Darme des Hundes, die Finne (Echinococcus) wird ei- bis kindskopfgroß und entwickelt sich in der Leber, Lunge, dem Auge, Gehirne usw. des Schweines, Rindes, Schafes und des Menschen. Im Darme des Hundes kommen häufig vor: T. marginata (Finne in der Leber des Rindes), T. serrata (Finne in der Leber und Bauchhöhle des Hasen und Kaninchens), T. coenurus (Finne in dem Gehirne des Schafes, die Drehkrankheit bedingend); Dipylidium caninum lebt im Darme von Hund, Katze und Mensch, die sehr kleine Finne findet sich in der Leibeshöhle des Hundeflohes und der Hundelaus. —

Ligula im Darme von Wasservögeln, Finne in verschiedenen Fischen.

4. O.: Nemertini, Schnurwürmer. Diese zum Teil lebhaft rot, gelb, grün und braun gefärbten, zum Teil weißlichen und durch die Färbung dem Aufenthaltsorte, z. B. Algenrasen, angepaßten Würmer gehören mit Ausnahme weniger Land- und Süßwasserformen dem Meere an. Ihr meist langgestreckter, oft schnurartiger, im Querschnitt ovaler oder auch rundlicher Körper kann eine Länge von 5—8 m erreichen, durchschnittlich mißt er 1—20 cm. Die Kopfpartie setzt sich bei manchen Nemertinen als spatel-, herz- oder scheibenförmiger Lappen etwas vom übrigen Körper ab. Auf der Ventralfläche des Kopflappens liegt der Mund, durch eine kleine Öffnung an der Kopfspitze (Fig. 50 rö) kann der für die Nemertinen charakteristische Rüssel (rh) hervorgestoßen werden. Zwei spaltartige, an den seitlichen Kopfpartien befindliche Quer- oder Längsfurchen führen zu den Cerebralorganen (cb), die ebenfalls den Nemertinen eigentümliche Bildungen darstellen. Im Gegensatz zu den übrigen Scoleciden ist eine Analöffnung (an) vorhanden; sie liegt an der Spitze des hinteren Körperendes; ebenda findet sich bei der parasitisch lebenden Nemertine Malacobdella eine Saugscheibe.

Die Körperdecke, welche einen ähnlichen Bau wie bei den Strudelwürmern zeigt, besteht aus Flimmerzellen, Drüsen-

und Sinneszellen; unter ihr breitet sich eine bindegewebige, bei manchen Formen an drüsigen und muskulösen Elementen sehr reiche Schicht, die Grundschicht oder Cutis, aus, an die sich dann der Hautmuskelschlauch anschließt. Die Achse des Körpers bildet der rohrförmige, mit kleinen seitlichen, paarig angeordneten Divertikeln versehene Verdauungsapparat (Fig. 50, D); wir unterscheiden an ihm einen Vorder-, Mittel- und Enddarm; der erstere beginnt mit der Mundöffnung und entspricht seiner Funktion nach etwa der Speiseröhre und dem Magen der Wirbeltiere; die Nahrung wird in ihm durch die Einwirkung von Drüsensekreten in einen löslichen Zustand übergeführt und kann von den Zellen des nächsten Abschnittes, des Mitteldarmes, aufgenommen werden.

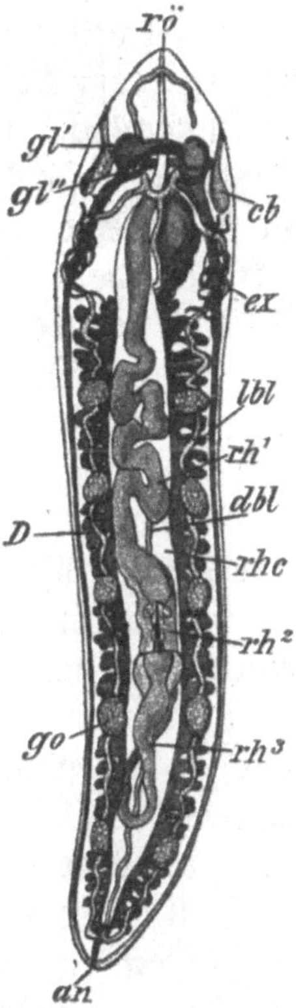

Fig. 50. **Amphiporus pulcher**, nach Bürger aus R. Hertwig. an After, cb Cerebralorgan, D Darm, ex Exkretionskanal, gl' gl'' Gehirn, go Geschlechtsdrüsen, lbl, dbl laterales und dorsales Blutgefäß, rh Rüssel, rhc Rüsselscheide, rö Rüsselöffnung.

Im Rüssel besitzen diese räuberischen und gefräßigen Tiere eine gewaltige Waffe zum Angriffe und zur Verteidigung. Der Rüssel (rh), ein vorn offenes, hinten geschlossenes, kürzeres oder längeres, muskulöses Rohr, liegt über dem Darme und ist hier in ein zweites Rohr, die Rüsselscheide (rhc), das Rhynchocölom, eingeschlossen, das an seinem hinteren Ende ebenfalls blind endet, vorn aber durch die früher erwähnte Öffnung (rö) an der Körperspitze sich nach außen öffnet. In kurzer Entfernung von dieser Öffnung ist der vordere Rand des Rüssels mit der Wandung der Rüsselscheide, aus welcher er durch kräftige Kontraktionen der Rüsselscheidenmuskulatur hervorgepreßt werden kann, verlötet; hierbei kommt natürlich die Innenfläche nach außen zu liegen, wie bei einem umgestülpten Handschuhfinger; die Rückkehr in die Ruhelage besorgt ein besonderer Muskel, der am hinteren Rüsselende einerseits, an der Rhynchocölomwand andererseits befestigt ist. Wir unterscheiden 2 Typen, den bewaffneten und den unbewaffneten Rüssel. Der erstere besteht aus 3 hintereinander gelegenen Abschnitten, von denen der zweite (rh^2) und dritte (rh^3) von besonderem Interesse sind. Der mittlere Abschnitt ist mit einem Stilettapparate versehen, welcher bei hervorgestülptem Rüssel an die Spitze des Organs zu liegen kommt, der hintere mündet dicht neben dem Stilette durch einen feinen Porus nach außen und stellt eine Giftdrüse dar; wird ein Tier durch das Stilett verwundet, so kann sich sofort das Gift in die Wunde ergießen. Dem unbewaffneten Rüssel fehlt das Stilett, wahrscheinlich übernehmen hier stäbchenförmige Körper und Nesselzellen die Rolle desselben.

Zum ersten Male tritt uns bei den Nemertinen ein Blutgefäßsystem entgegen; dieses besteht entweder aus 2 in den seitlichen Partien des Tieres verlaufenden Kanälen (lbl), die am vorderen und hinteren Körperende ineinander übergehen, oder es sind deren drei vorhanden und dann gesellt sich zu den genannten ein unpaarer (dbl), zwischen Darm und Rhynchocölom verlaufender Kanal, der natürlich auch mit den lateralen verbunden ist. Besondere Respirationsorgane fehlen, die gesamte Körper- und wohl auch die Darmoberfläche werden in dieser Hinsicht von Wichtigkeit sein. In inniger Beziehung zum Blutgefäßsystem stehen bei den meisten Schnurwürmern die Exkretionsorgane (ex); diese sind, von wenigen Ausnahmen abgesehen, auf die Region des Vorderdarmes beschränkt und stellen 2 verästelte Kanäle dar, deren kölbchenartige, den Terminalorganen der früher betrachteten Scoleciden vergleichbaren Endteile in die lateralen Blutgefäße ragen, ohne aber mit diesen in offener Verbindung zu stehen. Aus diesem Verhalten läßt sich erschließen, daß die Zellen der Kölbchen die Fähigkeit und Aufgabe haben, Stoffe aus dem Blute, dessen zellige Elemente wenigstens bei einigen Formen Hämoglobin enthalten, aufzunehmen und abzuleiten. Das Gehirn besteht aus 2 im Kopflappen befindlichen Ganglienpaaren, einem mehr dorsal (gl′) und einem ventral (gl″) gelegenen; die dorsalen Ganglien können wir auch als die sensoriellen bezeichnen, da aus ihnen speziell die Nerven für die Sinnesorgane entspringen, die ventralen im allgemeinen als die motorischen; aus ihnen gehen die mächtigen Nervenstämme hervor, welche den Körper der ganzen Länge nach durchziehen und Nerven zu den verschiedenen Organen entsenden.

Viele Nemertinen besitzen Augen, zuweilen in großer Zahl (ca. 100 **Lineus** geniculatus); dieselben sind nach dem Typus der Turbellarienaugen gebaut. Als Tastorgane sind die an der vorderen Körperspitze befindlichen Stirn- oder Frontalorgane zu deuten; die in den seitlichen Partien des Kopfes gelegenen, zuweilen in das Gehirn förmlich eingebetteten, sackförmigen Cerebralorgane (cb), in die das Wasser durch die Kopfspalten eintreten kann, dienen zur Prüfung der Beschaffenheit des Wassers, sie sind, allgemein gesprochen, Organe zur Wahrnehmung chemischer Reize.

Die meisten Nemertinen sind getrenntgeschlechtlich. Die Geschlechtsdrüsen (go) stellen kleine Säckchen dar, die mit dem Darmdivertikelchen alternieren und sich durch Poren nach außen öffnen. Besondere Kopulationsorgane fehlen. Die Weibchen legen Eier ab, sind also ovipar; nur wenige gebären lebendige Junge. Die Entwicklung ist entweder eine direkte oder indirekte; im letzteren Falle entwickelt sich aus dem Ei die Pilidiumlarve, seltener eine etwas abweichend gebaute, die sogenannte Desorsche. Die Umwandlung beider Larven in die Nemertine ist recht kompliziert.

Zu den bewaffneten Nemertinen gehören: Amphiporus, Mittelmeer, Stichostemma, Süßwasser (auch in Europa beobachtet), Geonemertes, Landbewohner; zu den unbewaffneten: Lineus, Mittelmeer, Cerebratulus, Atlantischer Ozean, Mittelmeer.

2. Kl.: **Coelhelminthes.**

Der Unterschiede, welche zwischen den Plattwürmern und Cölhelminthen bestehen, wurde schon gedacht; es war besonders das Vorhandensein einer ansehnlichen Leibeshöhle bei den letzteren hervorzuheben.

Die den Plathelminthen zunächst stehenden Cölhelminthen sind die Rädertiere, welche in ihrem Baue auch viele Ähnlichkeiten mit der Trochophora zeigen.

1. O.: **Rotatoria, Rotiferi, Rädertiere.** Die Rädertiere, vornehmlich Bewohner des süßen Wassers, der Meeresfauna jedoch nicht fehlend, gehören zu den kleinsten Metazoen; viele von ihnen werden an Größe von Einzelligen übertroffen. Formen von 1 mm Länge (Stephanoceros) sind selten, als mittleres Maß kann man für die Weibchen $^1/_3$ mm annehmen; die Männchen sind noch erheblich kleiner, sogenannte Zwergmännchen. Der Körper ist nur selten wurmförmig gestreckt (Rotifer, Philodina), häufiger gedrungen walzenförmig oder breit, in dorso-ventraler Richtung abgeflacht. Es lassen sich an ihm 3 Abschnitte unterscheiden: Kopf, Rumpf und der zuweilen fehlende Fuß; an der Grenze zwischen Rumpf und Fuß liegt an der Rückenfläche die Öffnung der Kloake. Die vordere Fläche des Körpers trägt das recht verschiedenartig ausgebildete, charakteristische Räderorgan (Fig. 51, rog); typisch lassen sich an demselben 2 von langen

Cilien gebildete Kränze unterscheiden, ein vor dem Munde gelegener, präoraler, der Trochus, und ein hinter diesem befindlicher, postoraler, das Cingulum; sie stellen das Hauptbewegungsorgan dar und dienen zum Herbeistrudeln der Nahrung. Wohl entwickelt sind beide bei Melicerta, Rotifer usw., häufig ist aber eine Auflösung eines oder beider Wimperkränze in Gruppen von Cilien oder seltener ein vollständiger Schwund zu konstatieren.

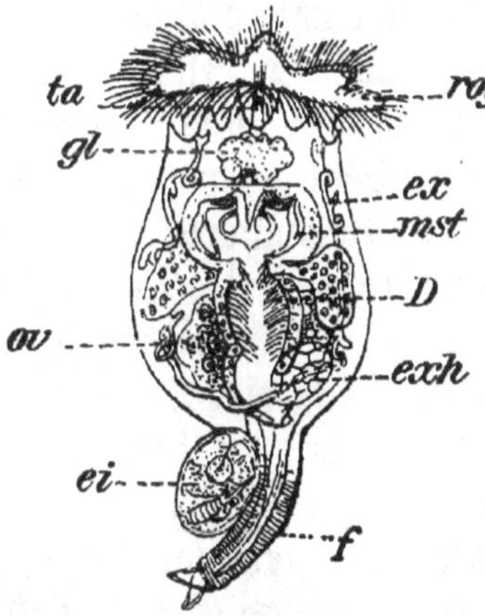

Fig. 51. Brachionus urceolaris, aus R. Hertwig, etwas verändert. D Darm, ei Ei, ex Exkretionskanal, exh Exkretionsblase, f Fuß, gl Gehirn, mst Kaumagen, ov Ovar, rog Räderorgan, ta Taster.

Die äußerste Schicht des Körpers wird von einer durchsichtigen, glatten, gefelderten oder gekörnten Cuticula gebildet, die bei den sogenannten gepanzerten Rädertieren eine ansehnliche Dicke erreicht und tatsächlich einen schützenden Panzer darstellt, in welchen Kopf und Fuß zurückgezogen werden können; unter der Cuticula liegt deren Bildungsschichte, die Hypodermis. Neben dem Räderorgan bietet der Verdauungsapparat charakteristische Besonderheiten. Der Mund führt in einen bewimperten Schlund, an den sich der sogenannte Kaumagen (mst) anschließt; in diesem liegen die recht verschiedenartig gestalteten, chitinigen, zahn- oder plattenförmigen Kiefer, welche den Kauapparat oder Mastax bilden, der zur Zerkleinerung der Nahrung dient. Von hier gelangt die Speise in den Ösophagus, dann in den Mitteldarm D, in dem die Assimilierung derselben statthat, und schließlich in den blasigen Enddarm. Mit Kaumagen und Mitteldarm stehen Drüsen in Verbindung, deren Sekret bei der Verdauung irgendeine Rolle spielt. Auf einen einfachen Zellstrang, in welchem der Hoden eingeschlossen ist, ist der Darm bei den Männchen reduziert.

In der von einer hellen Flüssigkeit erfüllten Leibeshöhle verlaufen Muskeln, hier finden wir die beiden Exkretionskanäle (ex); diese zeigen den gleichen Bau wie die der Turbellarien und münden in eine gemeinsame Blase, die sich in den Enddarm öffnet. In der hinteren Partie des Rumpfes liegt, ventral vom Darme, das gewöhnlich nur in der Einzahl vorhandene Ovar (ov), das sowohl Ei- als Nährzellen enthält; das Dottermaterial der letzteren wird allmählich von den Eizellen resorbiert. Der Eileiter mündet in die Kloake; einigen Rotatorien (Rotifer) scheint er zu fehlen, die Jungen entwickeln sich hier in der Leibeshöhle des Muttertieres und brechen, wie es scheint, durch die Körperwand nach außen durch. Die Rädertiere produzieren gleich manchen Turbellarien 2 Arten von Eiern, dünnschalige Subitaneier, die sich parthenogenetisch entwickeln, und dickschalige, der Befruchtung bedürftige Dauereier, die von den Tieren häufig, wie Fig. 51 (ei) zeigt, außen am Körper befestigt werden.

Das Gehirn (Fig. 51, gl) liegt nahe am Vorderende, über dem Schlunde. Von Sinnesorganen sind Augen und Tastorgane beobachtet worden. Die ersteren lagern oft in Form eines x-förmigen, roten oder schwarzen Pigmentfleckes dem Gehirne auf, die letzteren finden wir an verschiedenen Stellen des Körpers; zu ihnen gehören die kleinen röhrenförmigen Taster (ta) und der nur bei manchen Rotatorien vorhandene, auf Rückenfläche des Kopfabschnittes befindliche sogenannte Rüssel, der bei zurückgezogenem Räderorgan die Körperspitze bildet (Rotifer, Philodina).

Diese beiden Rädertiere gehören zu den häufigsten Formen, ihr Körper ist langgestreckt wurmförmig und äußerlich gegliedert;

sie bewegen sich schwimmend und spannerartig kriechend. Zu den gepanzerten Arten zählt Brachionus. Melicerta und Stephanoceros sitzen auf der Unterlage fest und bilden sich gallertartige Hüllen. — Manche Rädertiere vertragen das Austrocknen für längere Zeit.

An die Rotatorien werden zumeist 2 Gruppen sehr kleiner Würmer angeschlossen, die Gastrotrichen, 2. O., und die Kinorhynchen, 3. O., von denen die ersteren Süßwasser-, die letzteren marine Formen sind.

Die **Gastrotricha** (Fig. 52), deren größte Art, Chaetonotus maximus, nur ca. 0,4 mm lang wird, besitzen einen zylindrischen Körper mit etwas verdicktem vorderen und abgerundetem oder gegabeltem hinteren Ende. Der Körper ist häufig von Schuppen, welche Stacheln tragen können, bedeckt; auf der Bauchfläche finden sich 2 Längsbänder von Cilien, größere Cilienbüschel stehen am Kopfende.

Fig. 52. Chaetonotus maximus, nach Zelinka aus Grobben.

Die **Kinorhyncha** ähneln gestaltlich den Gastrotrichen, doch sind sie äußerlich gegliedert. Echinoderes.

4. O. **Nematodes, Faden- oder Rundwürmer.** Diese in anatomischer und biologischer Hinsicht interessanten Würmer leben teils frei in feuchter Erde, im süßen und salzigen Wasser, teils parasitisch in Tieren und Pflanzen. Die Länge des drehrunden, zylindrischen, oft fadenförmigen Körpers variiert zwischen etwa 1 mm, manche Anguilluliden, und 1 m, Dracunculus medinensis. An der Spitze des Vorderendes liegt der von wulstförmigen Lippen, Papillen oder Zähnchen umstellte Mund, in der Nähe des Hinterendes bemerkt man die häufig schlitzartige After- resp. Kloakalöffnung. Als Kloakalöffnung werden wir den betreffenden Porus bei den Männchen deshalb bezeichnen, weil durch ihn auch der Genital-

apparat ausmündet; die Weibchen haben eine besondere Geschlechtsöffnung, deren Lage eine recht variable ist, in, vor und hinter der Körpermitte.

Eine mehr oder weniger dicke, ziemlich kompliziert gebaute Cuticula (Fig. 53, 54, cu) bedeckt den Nematodenkörper; meist ist sie glatt oder fein quergefältelt, seltener trägt sie Dornen oder Stacheln (Desmoscolex, Gnathostoma). Sie ist das Produkt einer unter ihr befindlichen, kernreichen Plasmaschicht, der sogenannten Subcuticula, in welcher aber beim ausgebildeten Tiere einzelne Zellen nicht mehr unterscheidbar sind. In der Mitte des Bauches und Rückens sowie der seitlichen Partien ist die Subcuticula bedeutend verdickt und springt leistenartig nach innen vor; sie bildet hier die sogenannten Median- (dml, vml) und Seitenlinien (sl), die bei großen Arten auch äußerlich bemerkbar sind. Die Muskeln (m) des Hautmuskelschlauches verlaufen sämtlich in der Längsrichtung des Körpers und bilden 4 Felder, welche durch Median- resp. Seitenlinien voneinander geschieden werden; bei einem Teile der Nematoden, den sogenannten Platymyariern, sind die einzelnen Muskeln flach, aber relativ breit, bei einem anderen Teile, den Cölomyariern, schmal, aber höher. In einem Querschnitte durch den Körper eines Platymyariers sind zumeist 8 Muskeldurchschnitte vorhanden (Fig. 53), viel größer ist die Zahl derselben bei den Cölomyariern (Fig. 54); nimmt man auf diese Zahlenverhältnisse Rücksicht, so spricht man von Mero- (Fig. 53) und Polymyariern (Fig. 54). Es ist jedoch zu betonen, daß durchaus nicht immer ein Platymyarier zugleich ein Meromyarier und ein Cölomyarier ein Polymyarier sein muß, häufig aber ist es so.

Fast sämtliche Rundwürmer sind im Besitze eines Verdauungsapparates, nur bei einigen wenigen Formen erfährt er zur Zeit der vollständigen Geschlechtsreife eine Rückbildung.

Der Mund führt in eine enge Mundhöhle oder weite Mundkapsel, welche von einer ziemlich derben, bei manchen Nematoden mit zahn- oder stachelartigen Bildungen versehenen Cuticula ausgekleidet wird. In der Tiefe der Mundhöhle liegt die Eingangspforte zum Ösophagus oder Pharynx; mit Ausnahme der Trichotracheliden, bei denen er ungemein lang und dünn ist, stellt er ein nur mäßig langes, dickwandiges

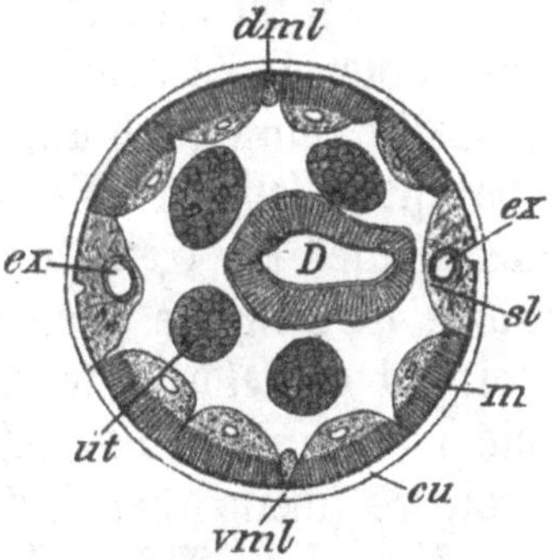

ig. 53. Querschnitt eines Sclerostomum, nach Leuckart. cu Cuti-ula; dml dorsale, vml ventrale Nittellinie, D Darm, ex Exkretions-anal, m Muskeln, sl Seitenlinien, ut Uterus.

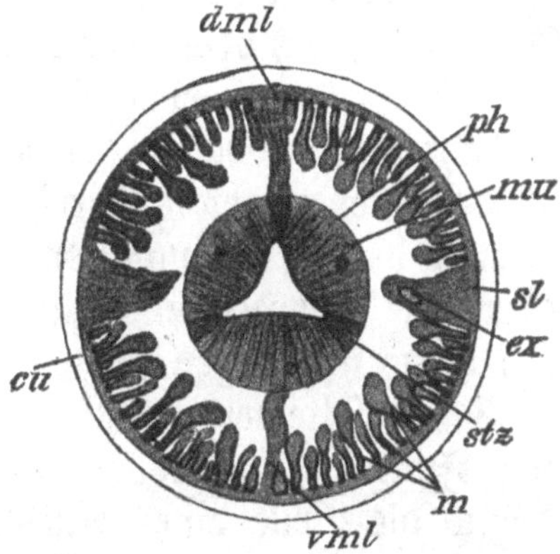

Fig. 54. Querschnitt durch Ascaris lumbricoides in der Höhe des Pharynx, nach R. Hertwig. mu Muskeln des Pharynx ph, stz Stützzellen; übrige Bezeichnung wie in Fig. 53.

Rohr dar, dessen hinterste Partie bei manchen Rundwürmern (Oxyuris) durch eine Einschnürung ziemlich scharf abgesetzt ist und als Ösophagusbulbus bezeichnet wird; die in diesem Bulbus befindlichen, zahnartigen Platten bilden nach Leuckart eine Klappe, welche das Zurückfließen von Nahrung, Speisebrei, in den vorderen Teil des Pharynx verhindert. Der Pharynx ist ein Saug- und Pumpapparat; er besteht demnach vornehmlich aus radiär gestellten Muskeln (Fig. 54, mu), aus Stützzellen (Fig. 54, stz), und weiterhin liegen in ihm einige (meist 3) Drüsen, deren Ausführgänge in das Lumen münden; die Resorption der Nahrung erfolgt in dem sich anschließenden Mitteldarme, in den kurzen Enddarm mündet beim Männchen der Endabschnitt des Samenleiters.

Höchst eigentümlich ist der Exkretionsapparat gestaltet; er besteht aus einer einzigen, riesigen, einkernigen, von einem Kanale durchbohrten Zelle von tubus-, v- oder H-förmiger Gestalt. Die ganze Zelle ist, mit Ausnahme des vordersten Abschnittes, in eine resp. in beide Seitenlinien eingebettet (Fig. 53, 54, ex) oder liegt denselben an. An ihr Vorderende setzt sich ein kurzer, ebenfalls von nur einer Zelle gebildeter Ausführgang an, der in der ventralen Mittellinie nach außen mündet. Bei einigen teils frei, teils parasitisch lebenden Nematoden sind diese sogenannten „Seitenkanäle" (= Exkretionszellen) bis jetzt noch nicht aufgefunden worden, sie scheinen zu fehlen; in einigen Fällen übernimmt vielleicht eine auf der Ventralseite befindliche Drüse, die sogenannte Bauchdrüse, diese Funktion, in anderen spielt, wie es scheint, der Oesophagus die Rolle eines Ausscheidungsorganes. Als Zellen, welche eine exkretorische Bedeutung besitzen, sei noch der „phagocytären Organe" gedacht. Es sind dies große, reich verästelte Zellen, die in größerer oder geringerer Zahl den Seitenlinien ansitzen und aus der Leibeshöhle Substanzen aufnehmen und in sich aufspeichern.

Der Zentralteil des Nervensystems umgibt ringartig den Oesophagus; selbst bei großen Arten ist die Zahl der Ganglienzellen und Nervenfasern eine äußerst geringe, nur etwa 162 Zellen sind bei Ascaris lumbricoides vorhanden. Die Ganglienzellen liegen teils hinter dem Ringe, im Bauchganglion, teils finden sie sich in den sogenannten Seitenganglien, aus denen aber auch Nervenfasern direkt in den Bauchnerven übertreten. Von diesem Nerven, welcher in der ventralen Mittellinie verläuft, abgesehen, durchziehen noch 5 Nerven den Körper in ganzer Länge und vereinigen sich miteinander am Hinterende, es sind dies: Der in der dorsalen Mittellinie gelegene dorsale Längsnerv und die 4 neben den Seitenlinien befindlichen Lateralnerven. 6 Nerven ziehen nach vorn und enden hier in besonderen Sinnespapillen in der Nähe der Mundöffnung; Sinnespapillen finden wir fernerhin vornehmlich am Hinterende der Männchen, als Genitalpapillen in bestimmter Weise angeordnet. Bei einigen frei lebenden Formen hat man auch lichtperzipierende Organe vorgefunden, über ihren Bau wissen wir wenig.

Die Nematoden sind fast durchaus getrenntgeschlechtlich. Männchen und Weibchen unterscheiden sich schon äußerlich leicht voneinander; die Männchen sind einmal kleiner als die Weibchen, und weiterhin ist ihr Hinterende in irgendeiner Weise besonders gestaltet: hakenförmig gebogen ist es bei Ascaris und Oxyuris, spiralig eingerollt bei Trichocephalus, korkzieherartig gewunden bei vielen Filarien, von einer zusammenklappbaren, schirmartigen Ausbreitung der Körperdecke, einer Bursa, wird es bei den Strongyliden umgeben. Fast immer sind sogenannte Spicula, vorstreckbare, stabartige, in besonderen Taschen gelegene Gebilde, die als Reiz- und Befestigungsorgane bei der Begattung dienen und in die Scheide eingeführt werden, in der Ein- oder Zweizahl vorhanden.

Der männliche Geschlechtsapparat ist stets unpaar. Er besteht aus einem schlauchförmigen Hoden, einer Samenblase und einem muskulösen Samenleiter oder Ductus ejaculatorius (Ausspritzungskanal); dieser sowie die Spiculascheiden münden in die Kloake. Die Spermien sind nur wenig beweglich und im allgemeinen von kegelförmiger Gestalt.

Die Genitalorgane der Weibchen werden zumeist von zwei ungemein langen, vielfach gewundenen, den Körper fast in ganzer Ausdehnung durchziehenden Röhren gebildet, die stets durch eine gemeinsame Scheide (Vagina) sich nach außen öffnen. An einer jeden Röhre lassen sich 3 Partien unterscheiden: das Ovar oder die Eiröhre, das Receptaculum seminis, in dem die Besamung der Eier stattfindet und der Uterus (Fig. 53, ut), in welchem bei vielen Formen ein Teil der Embryonalentwicklung durchlaufen wird. In den ersten Stadien der Furchung befinden sich die abgelegten Eier bei Ancylostoma, sie enthalten zu dieser Zeit schon einen vollständig entwickelten Embryo bei Oxyuris. Ein Verlassen der Eischale im Uterus ist für manche Filarien und Trichinella festgestellt worden; diese Nematoden sind mithin vivipar, lebendig gebärend. Die Form der vom Uterusepithel abgeschiedenen Eischalen ist häufig für die Arten recht charakteristisch (z. B. für Ascaris, Trichocephalus, Eustrongylus usw.) und ermöglicht es, das Vorhandensein der Parasiten aus den in den Fäzes vorhandenen Eiern festzustellen.

Die Entwicklung der frei lebenden, sowie mancher, vornehmlich in Pflanzen schmarotzenden Rundwürmer ist eine direkte, bei den meisten Parasiten liegt jedoch eine indirekte, mit einer Metamorphose verbundene vor; die Jugendformen oder Larven, welche nicht selten in Gestalt und Bau eine auffällige Ähnlichkeit mit gewissen frei lebenden Anguilluliden (Rhabditis) besitzen, halten sich entweder im Wasser und in feuchter Erde (Ancylostoma) oder in einem Wirte auf, welcher als Zwischenwirt bezeichnet wird, da die Larven in ihm nicht die Geschlechtsreife erlangen. Der (definitive) Wirt von Dracunculus medinensis z. B. ist der Mensch, der Zwischenwirt ein Krebs, Cyclops; definitiver Wirt und Zwischenwirt können aber auch in einer Person vereinigt sein, nur leben die Larven und die geschlechtsreifen Individuen in verschiedenen Organen; die Larve von Sclerostomum equinum bewohnt die Gekrösearterien des Pferdes, das Geschlechtstier hingegen den Darm.

Für eine kleine Gruppe, die Angiostomiden, welche sich in ihrem Baue an die Anguilluliden anschließen, ist heterogone Entwicklung charakteristisch; es besteht hier ein regelmäßiger Wechsel zwischen zwei verschieden gestalteten Generationen, von denen die eine, parasitisch lebende, hermaphroditisch, die andere, frei lebende, getrennt geschlechtlich ist. Ein bekanntes Beispiel hierfür bietet Rhabdonema nigrovenosum. Das parasitische Rhabdonema lebt in der Lunge des Frosches, das getrenntgeschlechtliche in feuchter Erde. Ähnlich liegen die Dinge bei Strogyloides stercoralis, nur ist der Aufenthaltsort der schmarotzenden Generation der Darm des Menschen.

Die wichtigsten, im Menschen beobachteten Fadenwürmer sind: Ascaris lumbricoides, Spulwurm, im Dünndarm; Oxyuris vermicularis, im Dünndarm, Blind- und Dickdarm; Ancylostoma duodenale, Dünndarm; Trichocephalus trichiurus (dispar), Peitschenwurm, Blinddarm; Trichinella spiralis, Trichine, im Dünndarm als geschlechtsreife Darmtrichine, in den Muskeln als Jugendform; Dracunculus medinensis, im Unterhaut-Bindegewebe; Filaria bancrofti, im Blute; F. loa zwischen Bindehaut des Auges und Augapfel; Strongyloides stercoralis, im Dünndarm.

In unseren Haustieren finden sich häufig: Ascaris megalocephala im Dünndarme des Pferdes; A. lumbricoides ebenda im Schweine; A. mystax ebenda im Hunde und in der Katze; Strongylus paradoxus (apri) in der Lunge des Schweines; St. filaria und Pseudalius ovis pulmonalis in der Lunge des Schafes; St. micrurus in den Luftwegen vom Rinde und Pferde; Sclerostomum equinum im Darme resp. den Gekröseарterien des Pferdes; Syngamus trachealis in der Luftröhre verschiedener Vögel.

Von landwirtschaftlicher Bedeutung ist Heterodera Schachti, der Erreger der Rübenmüdigkeit. Die Embryonen, deren jedes Weibchen etwa 300 produziert, befallen die ca. 1 mm dicken Seitenwurzeln der Rüben, bohren sich mit Hilfe eines Bohrstachels in diese ein und erzeugen Knollen; die von den weiblichen Larven bewohnten sind besonders groß und reißen schließlich ein, so daß das Hinterende des Tieres hervorragt; die Männchen dagegen wandern aus den Wurzeln aus, suchen die geschlechtsreifen Weibchen auf, begatten sie und sterben ab. Da im Jahre 6—7 Generationen aufeinander folgen, kann man sich vorstellen, von welcher ungeheuren Menge von Parasiten ein Feld überschwemmt wird.

Tylenchus dipsaci (= devastatrix), das Roggen-, Karden- oder Stengelälchen, bedingt die Stockkrankheit des Roggens, die Kernfäule der Weberkarde, die Wurmfäule der Kartoffel. Es bewohnt den Stengel und die Blüten. T. scandens, das Weizenälchen, bedingt durch seine Anwesenheit in den Ähren und Blüten des Weizens die Gicht oder Radekrankheit. Die Körner werden in schwarze Gallen umgewandelt, in denen die Larven leben. Erwähnung sei noch des höchst merkwürdigen Nematoden Sphaerularia getan: Die Weibchen von Sphaerularia bombi schmarotzen in der Leibeshöhle von Hummelweibchen. Der Nematode selbst ist ca. 1 mm lang, die Vagina desselben wächst aber zu einem 1—1,8 cm langen, mehrere Millimeter dicken Schlauche aus, der im Wurm keinen Platz findet und sich nach außen umstülpt; der Wurm hängt nun als ganz unscheinbares Gebilde an der Vagina.

5. O.: **Nematomorpha.** Zu den Nematoden rechnete man früher auch die Gordiiden, welche gestaltlich und auch in ihrer Lebensweise gewissen Rundwürmern, den Mermithiden, außerordentlich ähneln. Mit Rücksicht jedoch auf Besonderheiten im Baue fast aller Organe, speziell des Nervensystems und des Genitalapparates, mit Rücksicht fernerhin darauf, daß gewisse Partien der Leibeshöhle auf ein Cölom zurückzuführen sein dürften, hat man sie von den Nematoden getrennt. Der langgestreckte, darmsaitenartige Körper der Gordiiden kann die Länge von 1 m erreichen; ein Mund fehlt zumeist. Die Männchen unterscheiden sich von den Weibchen durch ein gespaltenes Hinterende. Im geschlechtsreifen Zustande halten sich die Gordiiden im Wasser auf, in der Jugend schmarotzen sie in Ephemeridenlarven, Raubinsekten und Fischen. Gordius aquaticus.

6. O.: **Acanthocephala, Kratzer.** Am zylindrischen Körper dieser durchaus parasitisch lebenden Würmer, deren Länge zwischen 5 mm (Echinorhynchus proteus) und 50 cm

(E. gigas) schwankt, lassen sich 3 Regionen unterscheiden: Der mit Hakenkränzen bewaffnete, retraktile Rüssel, welcher in die Darmwand des Wirtes eingebohrt wird, der allerdings nicht immer deutlich ausgeprägte Hals und der Rumpf, an dessen hinterem Ende die Genitalöffnung (Fig. 55, gö) liegt. Eine Mundöffnung sowie ein Darmkanal fehlen; die Nahrung gelangt auf osmotischem Wege in ein Kanalsystem, welches die kompliziert gebaute, muskelreiche Körperwand durchzieht und funktionell einem Darme entspricht; von hier aus können die Nährsäfte in die ansehnliche Leibeshöhle übertreten; von besonderer Bedeutung dürften in dieser Hinsicht 2 große keulen- oder bandförmige Organe, die Lemnisken (le), sein, welche in die Leibeshöhle ragen und Fortsetzungen der Körperwand darstellen. Der Rüssel kann in einen muskulösen Sack, die Rüsselscheide (rec), zurückgezogen werden, in welcher auch der Zentralteil des Nervensystems in Form eines knötchenförmigen Ganglions (gl) gelegen ist. 3 Nerven versorgen die Rüsselregion, 2 treten in den Rumpf über. Die Leibeshöhle wird der Länge nach von einem aus Bindegewebe und Muskeln bestehenden Bande, dem Ligament (li), durchzogen, in das der Genitalapparat der Hauptsache nach eingeschlossen ist. Bei den männlichen Tieren finden wir hier die beiden Hoden (te), verschiedene Drüsen (dr), deren Sekret dem Sperma beigemischt wird, und die Samenleiter, welche sich zu einem muskulösen Aus-

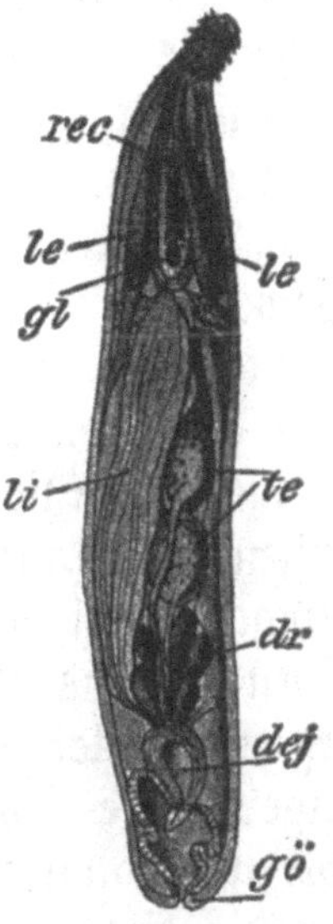

Fig. 55. Echinorhynchus angustatus, Männchen, aus R. Hertwig. gl Gehirnganglion, gö Geschlechtsöffnung, le Lemnisken, li Ligament, rec Rüsselscheide, te Hoden, dr Drüsen, dej Ausspritzungskanal.

spritzungskanale (dej) vereinigen. Dieser springt in Form einer kleinen Papille in das Geschlechtsatrium vor, das durch den Genitalporus nach außen mündet.

Bei den weiblichen Individuen liegen die Ovarien ebenfalls im Ligament. Aber bei den meisten Arten zerfallen sie und die Eier gelangen in die Leibeshöhle. Sehr merkwürdig gestalten sich nun die Ausführwege. Sie beginnen mit einem im hinteren Teil der Leibeshöhle befindlichen, glockenartigen, muskulösen Gebilde, das schluckende Bewegungen ausführt und die Eier aufnimmt; die reifen, befruchteten, mit glatten Schalen versehenen, spindelförmigen Eier gelangen durch 2 kleine Öffnungen in der Uterusglocke in die Ovidukte, dann in den Uterus, und von hier nach außen; die unreifen noch kugeligen Eier können diese Öffnungen nicht passieren und müssen durch einen größeren Porus in die Leibeshöhle zurückkehren. — Als Exkretionsorgane deutet man verästelte, blind endende, büschelartig angeordnete Röhrchen, die in den Uterus resp. den Ausspritzungskanal münden.

Die Eier, deren Befruchtung in der Leibeshöhle stattfindet, und die bei der Ablage bereits den Embryo umschließen, müssen zunächst in einen Zwischenwirt, einen Krebs oder ein Insekt, gelangen, in dessen Leibeshöhle sie sich weiter entwickeln. Passiv, mit der Nahrung, werden sie alsdann in den Endwirt übertragen.

Echinorhynchus gigas im Darme des Schweines, gelegentlich des Menschen. Zwischenwirt der Maikäfer und der Goldkäfer, Cetonia aurata. E. polymorphus in Wasservögeln, Enten, Gänsen; Zwischenwirt Gammarus pulex, Flohkrebs. E. proteus in Fischen. Zwischenwirt G. pulex, Asellus aquaticus, Wasserassel.

Annelida, Gliederwürmer.

Im Gegensatz zu allen bisher betrachteten Würmern ist der Körper der Anneliden gegliedert, d. h. er besteht aus einer größeren oder geringeren Anzahl hintereinander gelegener Abschnitte, die man Segmente oder Metameren nennt. Da alle Segmente mit Ausnahme des vordersten oder Kopfsegmentes und des hintersten oder Endsegmentes unter sich gleich gestaltet und gebaut sind, bezeichnet man die Gliederung als homonome. Einer wirklich streng homonomen Segmentierung begegnen wir tatsächlich nur bei wenigen Anneliden, den Archianneliden; bei den meisten erfährt dieselbe Störungen, sei es nun, daß gewisse Organe, z. B. die Exkretionsorgane, in bestimmten Segmenten ausfallen, oder daß Organe auf wenige Segmente beschränkt sind, z. B. die Geschlechtsdrüsen. Von einer ungleichmäßigen, heteronomen Segmentierung pflegt man aber erst dann zu sprechen, wenn sich eine Anzahl hintereinander gelegener Metameren auch äußerlich von den übrigen unterscheidet; dies ist z. B. der Fall bei manchen Polychäten, den Serpuliden, bei welchen man am Rumpfe eine Brust- und Bauchregion auseinanderhalten kann.

Bei den Borstenwürmern oder Chätopoden, z. B. dem Regenwurme, ist die Segmentierung im allgemeinen äußerlich und innerlich deutlich ausgeprägt, schwieriger nachweisbar ist sie schon bei den Blutegeln; die leicht bemerkbaren Ringel dieser Würmer entsprechen durchaus nicht Metameren. Einen vollständig unsegmentierten Körper scheinen die Echiuroideen und Sipunculoideen zu besitzen, für die ersteren läßt sich entwicklungsgeschichtlich eine Segmentierung nachweisen, für die letzteren jedoch nicht.

Als die ursprünglichsten Anneliden, von denen die übrigen abzuleiten wären, werden von manchen Zoologen Polygordius und Protodrilus angesehen; man bezeichnet sie daher auch als Archianneliden, andere betrachten sie allerdings als rückgebildete Formen. Wie dem auch sei, jedenfalls geben diese im Sande des Meeres lebenden Würmer ein übersichtliches Bild vom Baue eines Anneliden.

1. Kl.: **Archiannelida.**

An dem zylindrischen Körper, welcher bei Protodrilus eine Länge von 4 mm, bei Polygordius von 20—100 mm bei einer Dicke von $^1/_4$—1 mm erreicht, tritt äußerlich die Gliederung kaum hervor. Man unterscheidet ein Kopfsegment, eine größere Anzahl von Rumpfsegmenten und das Endsegment. Am Kopfe bezeichnet man die vor dem Munde gelegene Partie als Prostomium, die hinter demselben befindliche als Metastomium; das erstere trägt ein Paar fädiger Anhänge, die Tentakeln (Primärtentakeln), an ihm finden sich ein Paar kleiner Wimpergrübchen, bei manchen Arten von Polygordius auch Augen. Das einschichtige Körperepithel ist nur bei Protodrilus stellenweise bewimpert; unter ihm liegen die in 4 Zügen, 2 dorsalen und 2 ventralen, angeordneten Längsmuskeln, außerdem verlaufen Muskelzüge, Transversalmuskeln, in schräger Richtung von der Mitte der Bauchseite zu den seitlichen Körperpartien. Zwischen Darm und Körperwand liegt die Leibeshöhle, die allerorten von einem besonderen Epithel, dem Peritonealepithel, ausgekleidet ist; wir bezeichnen sie als „Cölom", und sie ist nicht der Leibeshöhle der früher besprochenen Cölhelminthen vergleichbar. Das Cölom entsteht entweder durch Abschnürung der seitlichen Partien des Urdarmes, oder seine Bildung geht von besondern Zellen, den sogenannten Urmesodermzellen, aus und dies ist bei den Anneliden der Fall. In der jungen Larve eines Polygordius liegen die beiden Urmesodermzellen im hinteren Ende der Larve (Fig. 56, um), das die Anlage des Rumpfes darstellt, rechts und links vom Enddarme. Die Urmesodermzellen vermehren sich durch Teilung und bilden 2 Streifen, die Mesodermstreifen (Fig. 56, mst), welche seitlich vom Darme in der sich vergrößernden Rumpfanlage gelegen sind; in das Kopfsegment wachsen sie niemals hinein. Dann

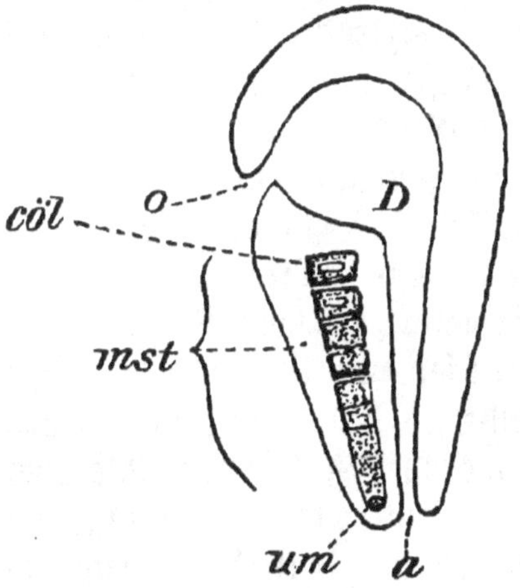

Fig. 56.
Annelidenlarve mit Mesodermstreifen, nach Hatschek, etwas verändert. Seitenansicht.
cöl Cölomsäckchen, mst Mesodermstreifen, um Urmesodermzelle. a After, D Darm, o Mund.

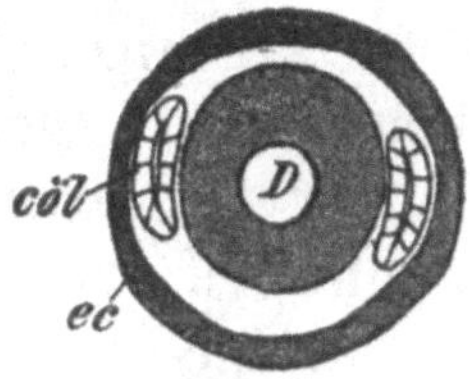

Fig. 57.

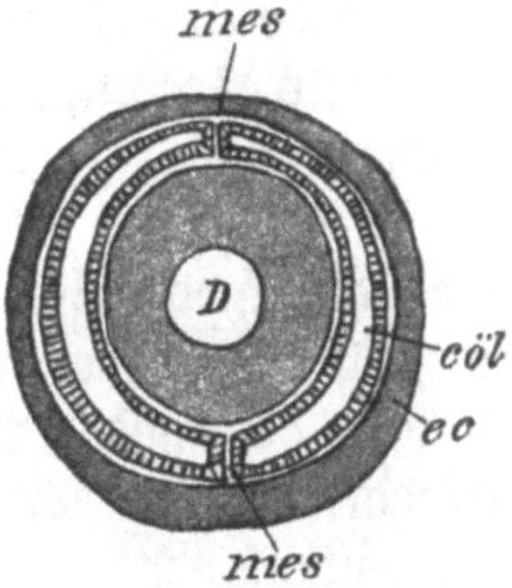

Fig. 58.
Bildung des Cöloms in verschiedenen Stadien der Entwicklung, schematisch. cöl Cölomsäckchen, D Darm, ec Ektoderm, mes Mesenterien.

zerfallen beide Streifen in eine korrespondierende Zahl von Zellenhaufen, die sich aushöhlen, also hintereinander gelegene Säckchen, die Cölomsäckchen (cöl), darstellen; einem jeden Segment entspricht ein Paar solcher Cölomsäckchen (Fig. 57, cöl). Sie vergrößern sich und es legt sich ihre äußere Wand, das „somatische" Blatt, an das Epithel, die innere, das „splanchnische", an den Darm an (Fig. 58, cöl); die Säckchenpaare berühren sich dorsal und ventral vom Darme und liefern die „Mesenterien" oder Aufhängebänder des Darmes (mes); die vorderen und hinteren Flächen benachbarter Cölomsäckchen berühren sich ebenfalls und bilden die „Dissepimente", die Scheidewände zwischen den einzelnen Metameren, die natürlich senkrecht zur Längsachse des Tieres gestellt sind. Aus dem Zellenmateriale der Cölomsäckchen gehen außer dem Peritonealepithel und den Dissepimenten vornehmlich noch die Körper- und Darmmuskeln, die Exkretionsorgane, wenigstens zum Teil, sowie die Blutgefäße und das Bindegewebe hervor; in ihm sind fernerhin die Geschlechtszellen enthalten. Man bezeichnet alle diese Bildungen als mesodermale, als Derivate des mittleren Keimblattes, das zwischen dem Ektoderm, welches Haut, Nervensystem, Sinnesepithelien, und dem Entoderm, das das Darmepithel liefert, gelegen ist; ein Mesoderm ist allerdings auch bei den niederen Würmern und den Ctenophoren vorhanden, hier bildet es Muskeln, Bindegewebe und füllt die primäre Leibeshöhle oder Furchungshöhle aus. Es kann bei niederen Würmern auch zur Ausbildung von Mesodermstreifen kommen, die Zellen derselben lösen sich aber voneinander.

Der Darm durchzieht als gerades Rohr den Körper, wir unterscheiden an ihm den Schlund oder Ösophagus, welcher im Kopfe gelegen ist, den Mitteldarm, welcher dem Rumpfe angehört und den kleinen Enddarm, der durch die am Endsegmente befindliche Analöffnung nach außen mündet. Auf jedes Rumpfsegment, mit Ausnahme des letzten, entfällt ein Paar von Exkretionsorganen; es sind dies kleine, S-förmig gebogene Kanälchen, welche in der Leibeshöhle mit einem kleinen, offenen Trichter beginnen und sich durch feine Poren nach außen öffnen. Bemerkenswert ist, daß jedes Nephridium eigentlich 2 Segmenten angehört, in dem einen liegt der Trichter, im nächstfolgenden der Kanal.

Mit Rücksicht auf die segmentale Anordnung bezeichnet man diese Nephridien auch als Segmentalorgane.

Die in der Leibeshöhle befindliche Flüssigkeit, welche ja mit den verschiedensten Organen in Berührung tritt, vermittelt wahrscheinlich die Ernährung derselben; sie kann aber auch Exkretionsstoffe aufnehmen, die durch die Tätigkeit der Zellen der Nephridien in die Kanälchen und von hier nach außen entleert werden. Feste Partikelchen können durch den Trichter in den Kanal gelangen. Für beide Formen ist ein Blutgefäßsystem nachgewiesen worden. Bei Polygordius besteht dasselbe aus einem Rücken- und einem Bauchgefäße, die dem Darme dicht anliegen; vorn im Kopfe gehen sie ineinander über, und außerdem sind sie in den Rumpfsegmenten durch regelmäßig angeordnete Gefäßschlingen verbunden. Sehr kurz ist das Rückengefäß bei Protodrilus; es nimmt hier seinen Ursprung aus einem den Darm umgebenden Blutsinus und steht nur im Kopfe durch 2 Gefäßbögen mit dem ventralen Gefäße in Kommunikation. Besondere Respirationsorgane fehlen.

Als Zentralteile des Nervensystems haben wir hier, wie bei den Anneliden überhaupt, die im Kopfe befindlichen, über dem Ösophagus gelegenen Cerebral- oder oberen Schlundganglien und die den Rumpf durchziehende, der Bauchfläche angehörige Bauchganglienkette oder den Bauchstrang zu betrachten; beide Teile sind durch zwei den Schlund umfassende Faserzüge, die Schlundkommissuren, verbunden. Cerebralganglien und Bauchstrang zeigen insofern ein noch sehr ursprüngliches Verhalten, als sie vom Körperepithel nicht scharf getrennt sind. Die Kopfganglien stehen mit den früher erwähnten Sinnesorganen in Verbindung, vom Bauchstrang werden die Rumpforgane versorgt, doch ist hierüber nichts Näheres bekannt.

Die Geschlechtszellen entwickeln sich aus dem Cölomepithel; Polygordius ist getrennt geschlechtlich, Protodrilus Hermaphrodit. Wie Eier und Spermien nach außen gelangen, ist nicht sichergestellt.

Protodrilus wurde nur im Mittelmeer, bei Messina, Polygordius im Mittelmeere, im Atlantischen Ozean, sowie in der Nordsee beobachtet.

2. Kl.: Chaetopoda, Borstenwürmer.

Die Chätopoden und unter diesen vornehmlich die Polychäten schließen sich in ihrem Baue innig an die Archianneliden an, sie unterscheiden sich von diesen durch eine auch äußerlich deutlich erkennbare Segmentierung und durch den Besitz von Borsten, die entweder in besonderen gliedmaßenähnlichen Höckern, den Parapodien, stecken oder aber direkt in die Körperwand eingelagert sind. Die mit Parapodien versehenen Chätopoden bezeichnet man als Polychäten, die anderen als Oligochäten.

1. O.: Polychaeta.

Die Polychäten sind mit wenigen Ausnahmen, z. B. Dybowscella baicalensis, Bewohner des Meeres. Manche von ihnen, die **Errantia,** sind räuberische, agile Tiere, andere, die **Sedentaria,** bewohnen Röhren und sind wenig beweglich. Diese Verschiedenheiten in der Lebensweise werden natürlich von Einfluß auf den Bau und den Habitus der Tiere innerhalb gewisser Grenzen sein. Die Errantien, als deren Vertreter wir eine Nereis oder Eunice wählen, besitzen im allgemeinen einen wohlentwickelten Kopf und einen homonom segmentierten Körper. Der Kopf entspricht jedoch nicht dem der Archianneliden, es sind vielmehr in seine Bildung noch ein oder zwei Rumpfsegmente eingegangen; Metastomium und erstes Rumpfsegment bilden das sogenannte Peristomium. Am Kopfe finden wir Augen und Fühler; die letzteren scheiden wir in Palpen (p) oder Primärtentakeln, Cerebral- (ce) und

Peristomialcirren (Fig. 59, pc). Die auf die Fühler der Archianneliden zurückführbaren Palpen sind stets in der Zweizahl vorhanden, die Zahl der Cerebralcirren oder Fühler im engeren Sinne schwankt zwischen 1 und 5; die 2 oder 4 Peristomialcirren gehören den in die Kopfbildung eingegangenen Rumpfsegmenten an und entsprechen den Cirren an den Parapodien. Im Vergleich hierzu ist der Kopf der typischen Sedentarien, z. B. der Serpuliden, außerordentlich reduziert; er trägt bei diesen eine aus zahlreichen Fäden bestehende Tentakelkrone (Fig. 60, ta), welche auf die beiden Primärtentakeln zurückführbar ist. Die einzelnen Fäden sind mit Cilien besetzt, mit Hilfe deren Nahrung herbeigestrudelt wird; sie spielen fernerhin bei der Atmung eine wichtige Rolle, sie sind mit Sinneszellen, bei einigen Formen, Dasychone, Branchiomma, sogar mit lichtperzipierenden Organen ausgestattet. Zuweilen ist einer der Fäden an seinem freien Ende verbreitert und vermag die Öffnung der Röhre, wenn sich das Tier in dieselbe zurückgezogen hat, zu verschließen; bei Spirorbis spielt endlich dieser Faden, das Operculum (Fig. 60, o), die Rolle eines Brutraumes. Im Gegensatz zu der mächtigen Entfaltung der Primärtentakeln konstatieren wir hier eine Rückbildung der Cerebralcirren; diese treten dagegen bei den ebenfalls röhrenbewohnenden Terebelliden in Form außerordentlich langer, kontraktiler Fäden in großer Zahl auf und

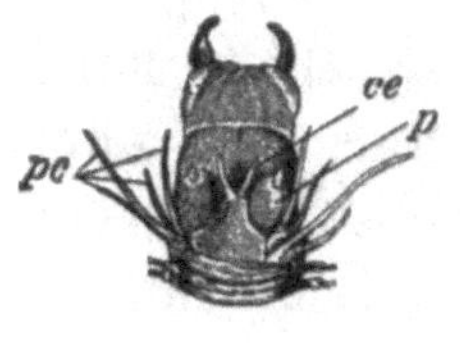

Fig. 59. Nereis versipedata, nach Ehlers aus Hertwig; Kopf mit vorgestülptem Pharynx. ce Cerebralcirren, p Palpen, pc Peristomialcirren.

Fig. 60. Serpula in ihrer Röhre, aus Ludwig-Leunis. o Operculum, ta Tentakelkrone.

dienen zum Fange der Nahrung; die Primärtentakeln sind dafür hier rudimentär. Den im Sande wühlenden Capitelliden und Arenicoliden fehlen alle diese Kopfanhänge.

Die Fußstummel oder Parapodien, welche an allen Rumpfsegmenten, mit Ausnahme des letzten, auftreten können, nicht selten aber auch den vordersten mangeln, sind, da sie zur Unterstützung der Kriechbewegungen dienen, bei den Errantien kräftiger entwickelt als bei den Röhrenbewohnern. Jedem

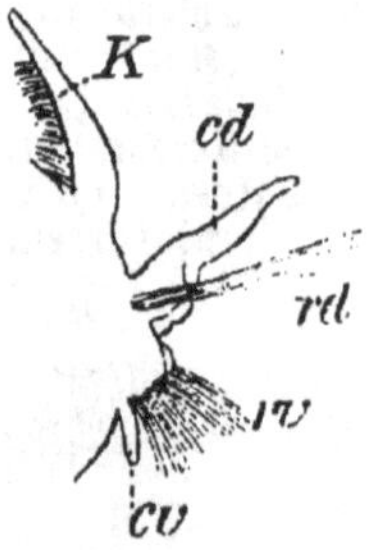

Fig. 61. Theodisca liriostoma, vollständiges Parapodium, nach Claparède aus Hatschek. cd dorsal., cv ventral. Cirrus, k Kieme, rd dorsaler, rv ventraler Ast des Parapodiums.

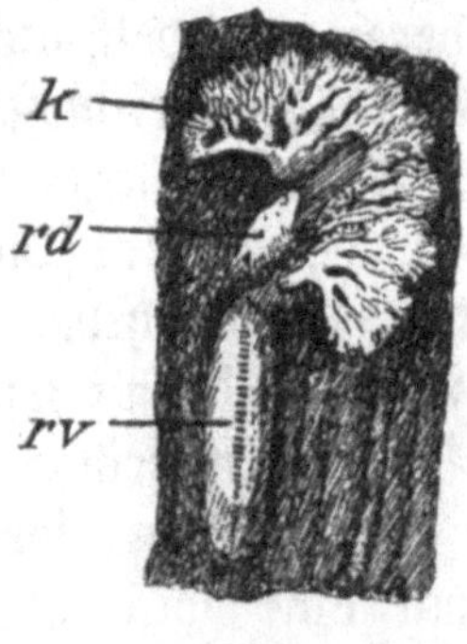

Fig. 62. Parapodium von Arenicola, aus Hatschek nach Milne-Edwards.
k Kieme, rd dorsaler, rv ventraler Ast des Parapodiums.

Segment kommt 1 Paar von Parapodien zu; ein vollständiges Parapodium (Fig. 61) besteht aus einem basalen Teile, einem dorsalen (rd) und einem ventralen (rv) Aste. Jeder der beiden Äste ist mit einem Fühler, einem Cirrus (cd, cv), ausgestattet, der dorsale trägt überdies eine Kieme (k). Die in ihrer Form recht verschieden gestalteten Borsten werden in besonderen, in den Parapodien liegenden Säckchen gebildet; die dicken, nicht über die Oberfläche der Fußstummel hervorragenden Borsten, welche nur Muskeln zur Insertion dienen, bezeichnet man als Aciculae oder Stützborsten (Fig. 63, a), die feineren, für die Lokomotion in Betracht kommenden und daher weit nach außen ragenden als Chaetae.

Komplette Parapodien sind selten; sehr häufig fehlt die Kieme, und dann übernimmt zuweilen der dorsale Cirrus die Funktion derselben; es kann aber auch einer der beiden Äste in Wegfall kommen und nur durch den Cirrus angedeutet sein. Der Stammteil verschwindet oft an den Parapodien der Röhrenbewohner und der im Sande wühlenden Formen, so daß die beiden Äste selbständige Bildungen zu sein scheinen. Als Beispiel sei Arenicola angeführt; der dorsale Ast (rd) ist hier höckerförmig und mit einer wohlentwickelten Kieme (k) versehen, der ventrale wulstartig (rv); Cirren fehlen beiden (Fig. 62). Eigentümliche Umbildungen erfahren die dorsalen Cirren bei den Aphroditiden; sie werden hier zu breiten Platten, Elytren genannt, die schuppenartig der Rückenfläche aufliegen (Fig. 63, e). Bei Aphrodite verdeckt ein dichter Haarfilz (Fig. 63, h) die Elytren, und an den Seitenrändern, nächst der Rückenfläche stehen prächtig metallisch schillernde Haare (Fig. 63, i). Haarfilz und Haare werden in den Borstensäckchen der dorsalen Parapodien gebildet, beide stellen modifizierte, in feine Fasern aufgelöste Borsten dar. In manchen Fällen tritt an Stelle des Borstensäckchens die sogenannte Spinndrüse, die ein fädiges Sekret, das zur Bildung der Wohnröhre dient, liefert. Es sei ferner darauf hingewiesen, daß die vorderen und hinteren Parapodien, speziell bei den Röhrenbewohnern, verschieden gestaltet sein können und daß dem Endsegment Fußstummel fehlen; dafür finden sich hier

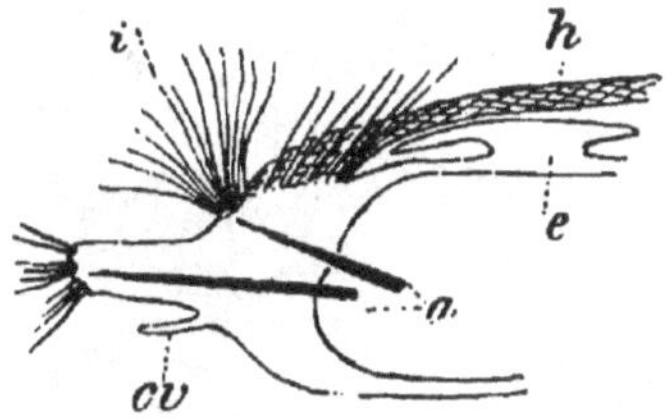

Fig. 63. Parapodium von Aphrodite, nach Benham. a Stützborsten, cv ventraler Cirrus, e Elytron, h Haarfilz, i irisierende Borsten.

Cirren. Unter dem einschichtigen, von einer mehr oder weniger dicken Cuticula bedeckten Epithel liegen Ringmuskeln, diese fehlten den Archianneliden; die Längsmuskeln sind mächtig entwickelt, die transversalen liefern vornehmlich die Muskulatur für die Parapodien (Fig. 64, lm, trm). Die Leibeshöhle mancher Polychäten bietet ähnlich einfache Verhältnisse, wie wir sie bei den Archianneliden antrafen; bei anderen kommt es durch Schwund von Dissepimenten zur Bildung größerer

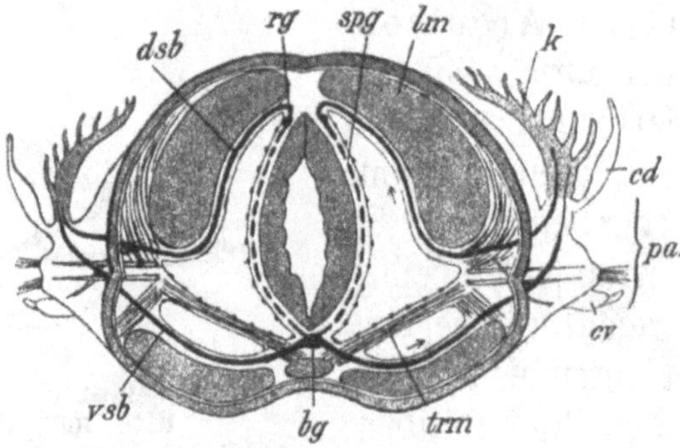

Fig. 64. Querschnitt durch ein Rumpfsegment von Eunice, aus Grobben. bg Bauchgefäß, cd dorsaler, cv ventraler Cirrus, dsb dorsale, vsb ventrale Gefäßbögen, k Kieme, lm Längsmuskeln, par Parapodium, rg Rückengefäße, spg Darmgefäße, trm Transversalmuskeln.

Räume, die ihrerseits durch horizontal und vertikal gestellte, in der Richtung der Längsachse des Körpers verlaufende Septen eine weitere Gliederung und Kammerung erfahren (Capitelliden).

Von den drei Abschnitten des Darmes, Vorder-, Mittel- und Enddarm, ist es begreiflicherweise der erste, welcher mit Rücksicht auf die Verschiedenheiten in der Lebensweise die größte Mannigfaltigkeit aufweisen wird. Die räuberischen Nereiden und Euniciden besitzen einen muskulösen, mit chitinigen Zähnen bewaffneten, vorstreckbaren Pharynx oder

Rüssel (Fig. 65). Bei den im Sande wühlenden Capitelliden (Fig. 66) und anderen kann der Pharynx nach außen als ansehnliches Rohr vorgestülpt werden, entbehrt aber der Kiefern. Er dient den eben genannten Anneliden nicht nur zur Aufnahme der Nahrung, er stellt auch einen vorzüglichen Grab- und Wühlapparat dar, und überdies dürfte er von Bedeutung für die Respiration sein. Die Umstülpung nach außen erfolgt bei den Capitelliden nicht durch Kontraktion besonderer Muskeln, sondern durch die nach vorn gepreßte Leibeshöhlenflüssigkeit, die bei den Capitelliden zugleich das Blut vertritt,

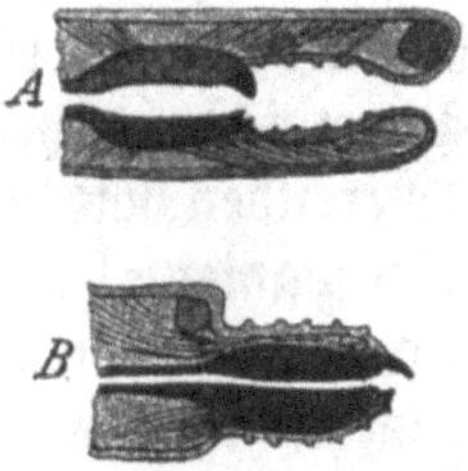

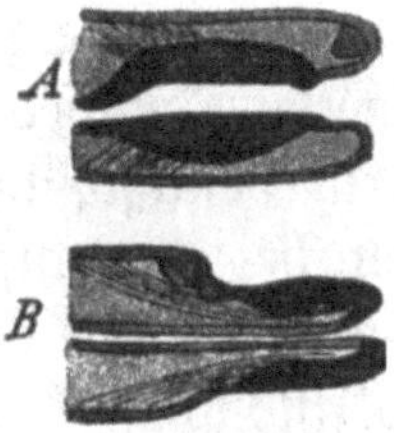

Fig. 65. Fig. 66.
Pharyngealapparate von Anneliden.
A in zurückgezogenem, B in vorgestrecktem Zustande, nach A. Lang.

da ein Blutgefäßsystem fehlt. Durch die hier dünne Pharynxwand kann bequem ein Gasaustausch statthaben. Eine bedeutende Reduktion erfährt der Pharynx bei den meisten Röhrenbewohnern, er wird bei diesen zu einer muskelschwachen Speiseröhre.

Der einfach röhrenförmige, selten mit seitlichen Divertikeln (Aphrodite) ausgestattete Mitteldarm fällt häufig durch eine grünliche oder rötliche Färbung auf; diese wird durch Tröpfchen und Kügelchen bedingt, die in den Darmzellen liegen und zum Teil bei der Verdauung eine allerdings nicht näher gekannte Rolle spielen. Eiweißverdauende Fermente sind für eine Anzahl von Polychäten nachgewiesen worden, besonders reich an solchen ist der Inhalt der erwähnten Darmdivertikel von Aphrodite. Im allgemeinen wird die Nahrung im Darmlumen verflüssigt, um dann resorbiert zu werden.

Das Blutgefäßsystem, welches den Capitelliden und Glyceriden fehlt, zeigt, besonders bei den Röhrenbewohnern, eine Reihe von Modifikationen; diese sind zum Teil bedingt durch die Beschränkung der Kiemen resp. der die Kiemen vertretenden Organe, Tentakelkrone der Serpuliden, auf das Vorderende, doch ist zu beachten, daß die Aufnahme von Sauerstoff und Abgabe von Kohlensäure an der gesamten Körperoberfläche auch bei den Röhrenbewohnern stattfindet, wie Versuche an Spirographis zeigten. Im allgemeinen sind ein Rücken- und ein Bauchgefäß vorhanden (2 Rückengefäße besitzt Eunice), die durch Gefäßschlingen an den Körperenden verbunden sind; von den beiden Hauptstämmen ziehen segmental angeordnete Gefäße, somatische Gefäßbögen, zu den Parapodien resp. den hier befindlichen Kiemen, und weiterhin umgibt ein reiches Gefäßnetz, welches mit beiden Hauptstämmen in Verbindung steht, den Darm. Im Rückengefäß (Fig. 64, rg) strömt das Blut von hinten nach vorn und fließt von hier in das Bauchgefäß (bg) ab; aus diesem wird es, wie es scheint, durch die ventralen somatischen Gefäßbögen (vsb) in die Kiemen (k) und durch ein kurzes unpaares Gefäß in die Blutbahnen des Darmes getrieben. In den Kiemen durchrieselt es das Capillarnetz, welches die dorsalen und ventralen Gefäße verbindet, und gelangt in die dorsalen segmentalen Gefäße (dsb), durch die es dem Rückengefäße wiederum zugeleitet wird; das Blut aus dem Darmgefäß tritt ebenfalls in das Dorsalgefäß ein. So dürfte sich wenigstens im wesentlichen die Sache bei Eunice und Verwandten verhalten.

Bei manchen Polychäten, z. B. den Terebelliden, entspringen die Kiemengefäße aus dem Rückengefäße; das arteriell gewordene Blut fließt in das Bauchgefäß, aus dem es nun durch Vermittlung des Darmgefäßnetzes wieder in das Dorsalgefäß zurückkehrt.

Zum Verständnis der Nephridien erscheint es notwendig, vorher die Geschlechtsorgane zu besprechen. Die Polychäten sind fast stets getrennt geschlechtlich. Die Geschlechtszellen können sich im Peritonealepithel an den verschiedensten Stellen der Leibeshöhle entwickeln; sie werden bei manchen Formen (Dasybranchus, Fig. 67, B, gt) durch besondere schlauch- oder glockenförmige Gebilde, die Genitalschläuche, nach außen befördert, bei anderen dagegen stehen die Genitalschläuche (gt)

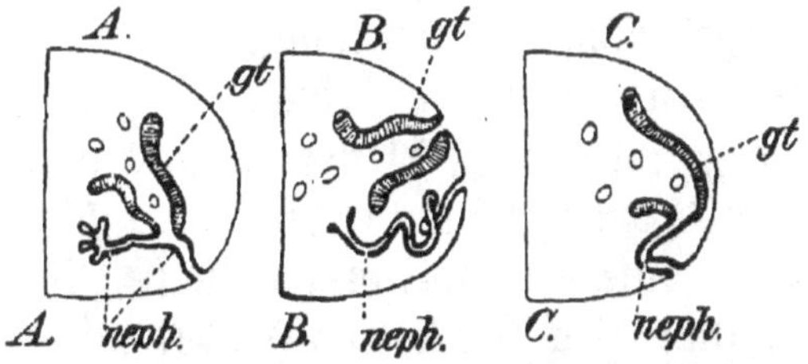

Fig. 67. Nephridien und Genitalschläuche von Polychäten, nach Goodrich aus R. Hertwig.
gt Genitalschläuche, neph Nephridien.

in inniger Verbindung mit den Nephridien (Fig. 67, A, C), so daß es also hier das Nephridium (neph) ist, welches die Ausfuhr übernimmt. In manchen Fällen scheinen übrigens die Genitalzellen auch durch Platzen der Körperwand nach außen zu gelangen. Geschlechtszellen können sich, wie bemerkt, in allen Rumpfsegmenten entwickeln; häufig ist jedoch die Bildung derselben auf eine gewisse Anzahl von Segmenten beschränkt. Dies ist der Fall bei Nereiden, Sylliden, Euniciden und anderen. Die vorderen Segmente sind die sterilen, die hinteren die fertilen, und da zeigt es sich, daß gerade bei Vertretern der genannten Familien zur Zeit der Geschlechtsreife eine auffällige Veränderung an den Segmenten der hinteren Region auftritt: die Parapodien vergrößern sich, sie werden flacher und befähigen nun das Tier zum Schwimmen; man hat derart veränderte Individuen von Nereis unter dem Namen Heteronereis, von Syllis als Heterosyllis beschrieben. Bei Lysidice viridis, dem Palolowurm, löst sich die hintere fertile oder epitoke Partie von der vorderen sterilen oder atoken ab und schwimmt umher; noch mehr kompliziert sich die Sache bei manchen Syllideen, hier kann sich an der epitoken Partie sogar ein Kopf bilden, und fernerhin zeigen die männlichen und weiblichen Individuen Verschiedenheiten.

Die Exkretionsorgane zeigen bei den Polychäten nicht jene höchst regelmäßige Anordnung, welche wir bei den Archianneliden vorfanden, sie fehlen nicht selten in einer größeren oder geringeren Zahl von Segmenten. Ein jedes Nephridium wird von einem kürzeren oder längeren Kanal gebildet, der sich entweder mit einem kleinen Trichter in die Leibeshöhle öffnet (Fig. 67, B, neph) oder mit einigen Verzweigungen blind endet (Fig. 67, A). In diesem Falle sitzen den Ästen zahlreiche große Zellen auf, die in ein feines Röhrchen ausgezogen sind, welches in den Exkretionskanal einmündet. Beiderlei Arten von Nephridien können sich nun mit den Genitalschläuchen verbinden (Fig. 67, A, C), so daß es den Anschein erhält, als seien sie mit großen Trichtern versehen.

Bei manchen Formen zeigen Gehirn und Bauchganglienkette die gleiche, innige Beziehung zur Hautschicht wie bei den Archianneliden, bei anderen sind die genannten Teile vollständig losgelöst und in die Leibeshöhle gerückt. Jedem Rumpfsegment, mit Ausnahme des letzten, entspricht ein Paar von Ganglien; die Ganglien der einzelnen Segmente sind durch Commissuren miteinander verbunden. Das Gehirn entsendet Nerven zu den Sinnesorganen des Kopfes (Augen, Palpen, Cerebralcirren); von jedem Ganglienpaar der Bauchganglienkette gehen 2—4 Nervenpaare aus, die teils zu den in der

Haut der Segmente befindlichen Sinneszellen (resp. Organen z. B. Parapodialcirren) ziehen, teils die Muskeln usw. innervieren; die ersteren bezeichnet man als sensible, die letzteren als motorische Nerven. Die Augen zeigen in bezug auf Zahl, Lage und Bau eine große Mannigfaltigkeit. Zwei bis vier wohlentwickelte Augen besitzen im allgemeinen die Raubanneliden, zahlreiche, einfacher gebaute Kopfaugen treffen wir bei den Capitelliden an[1]). Außer am Kopfe kommen Augen aber auch an den Rumpfsegmenten vor, Polyophthalmus z. B. besitzt deren 12 Paare. Als Geruchsorgane deutet man zwei kleine Grübchen am Kopfe vieler Polychäten, als Geschmacksorgane werden Gruppen von Sinneszellen aufgefaßt, die in der Mundhöhle gelegen sind; ähnliche Haufen von Sinneszellen (Sinnespapillen, Sinnesknospen, Sensillen) sind an verschiedenen Stellen des Rumpfes, besonders an den Cirren aufzufinden.

Die Entwicklung ist meist eine indirekte, die Larvenformen lassen sich auf die Trochophora zurückführen.

1. U.-O.: *Errantia.* Räuberische, meist frei, d. h. nicht in Röhren lebende Polychäten mit deutlich differenziertem Kopfe, wohlentwickelten Parapodien und einem vorstreckbaren oder vorstülpbaren, häufig mit Kiefern versehenen Pharynx. Aphrodite, Polynoë; Cirren in Elytren umgewandelt, welche bei der erstgenannten Form von einem Haarfilz bedeckt sind. Eunice; Kieferapparat mächtig entwickelt, Eunice gigantea 1 m lang; Eunice (Lysidice) viridis, der Pololowurm lebt in Korallenfelsen der Fidji- und Samoa-Inseln; an bestimmten Tagen der Monate Oktober und November löst sich die epitoke Körperregion von der atoken los und erscheint im Meere. Das Auftreten ist ein massenhaftes, der Wurm gilt den Eingeborenen als Leckerbissen. Nereis; Pharynx mit 2 starken Kiefern (Fig. 59); Nereis cultrifera; zu

---

[1]) Die große Lichtempfindlichkeit der Serpuliden und verwandten Formen ließ das Vorhandensein lichtempfindlicher Organe vermuten, und tatsächlich hat man bei ihnen solche in der Umgebung des Gehirns und auch in den Tentakeln gefunden.

Nereis dumerilii gehört Heteronereis fucicola. Pelagisch lebende Formen sind Alciope und Tomopteris.

2. U.-O.: *Sedentaria*, *Limivora* oder *Tubicolae*. Diese wohnen in Röhren oder wühlen im Sande; die Parapodien sind weniger kräftig entwickelt, der zuweilen noch vorstreckbare Pharynx entbehrt der Kiefern. Rumpf bei manchen Formen in eine thorakale und abdominale Region differenziert. Das Material, aus dem die Röhren gebildet werden, ist das Sekret besonderer Drüsen, die sich entweder am ganzen Körper vorfinden oder an bestimmten Stellen der Ventralfläche angehäuft sind; man bezeichnet diese Partien als Drüsenschilder. Das Sekret bildet entweder allein die Röhre (Serpuliden, Sabelliden), oder es dient als Bindemittel für Fremdkörper als Sand, Schalenstückchen (Terebelliden). Bei den Serpuliden bestehen die Röhren aus kohlensaurem Kalk, eine pergamentartige Beschaffenheit haben sie bei den Sabelliden.

Im Sande wühlen zumeist die Capitelliden (Dasybranchus) und Arenicoliden; Arenicola piscatorum ist als Fischköder beliebt. Chaetopterus variopedatus besitzt ein intensives Leuchtvermögen, das auch einigen Polynoe- und Syllisarten zukommt. Zu den Sabelliden gehören von früher genannten Formen Spirographis, Dasychone, Branchiomma, zu den Serpuliden Serpula und Spirorbis.

Es muß hervorgehoben werden, daß die Capitelliden, Arenicoliden und Terebelliden den Erratien näher stehen als den Serpuliden und Sabelliden; die Serpuliden, Sabelliden und einige nicht genannte Familien stellt man als Cryptocephala den übrigen, die als Phancrocephala zusammengefaßt werden, gegenüber.

Parasitisch auf Crinoideen und in Seesternen lebende Polychäten sind die Myzostomiden. Myzostoma.

2. O.: Oligochaeta.

Die Oligochäten sind Bewohner des süßen Wassers und der Erde. Äußerlich unterscheiden sie sich von den Polychäten durch den Mangel an Palpen, Cerebralcirren und Parapodien. Die Borsten, welche auch hier in besonderen Borstensäckchen gebildet werden und stets im ersten Rumpfsegmente fehlen, sind häufig in 4 Längsreihen, 2 dorsalen oder lateralen und 2 ventralen angeordnet; bei vielen Erd- oder Regenwürmern stehen in jeder Reihe 2 Borsten dicht nebeneinander, bei anderen sind die benachbarten Borsten durch etwas größere Zwischenräume getrennt; treten sie in größerer Zahl auf, wie bei manchen Megascoleciden, so bilden sie in jedem Segmente 2 Halbringe oder einen fast geschlossenen Ring. Kurz und S-förmig gebogen sind sie im allgemeinen bei den Erdwürmern, längere, fadenartige Borsten finden wir neben kürzeren, hakenförmigen bei den wasserbewohnenden Formen. Vollständig vermissen wir sie bei Branchiobdella, einem eigentümlichen, ektoparasitischen Oligochäten, welcher durch den Besitz einer Haftscheibe am hinteren Körperende an einen Blutegel erinnert.

Das einschichtige Körperepithel ist reich an Sinnes- und Drüsenzellen; das Sekret der letzteren hat bei manchen Regenwürmern, so bei Allolobophora foetida, die Eigenschaft, im Dunkeln zu leuchten. Zur Zeit der Geschlechtsreife verdickt sich die Haut in einer Anzahl der Metameren, welche in der Nähe der Geschlechtssegmente gelegen sind oder in diesen selbst und bildet den sogenannten Gürtel, das Clitellum; die Drüsenzellen erscheinen im Gürtel vergrößert sowie vermehrt und können in mehreren Schichten angeordnet sein; ihr Sekret liefert das Material für die Eikapsel, den Kokon, und dient auch zur Bildung elastischer Bänder, durch welche die kopulierenden, mit den Ventralflächen aneinandergepreßten Tiere inniger zusammengehalten werden. Der Darm ist von dem aus Ring- und Längsmuskeln gebildeten Hautmuskelschlauche, welcher bei größeren Formen eine sehr bedeutende Dicke erreicht, durch die geräumige Leibeshöhle getrennt; der Mund, dorsal vom Kopflappen oder Prostomium überdeckt, führt in eine ausstülpbare Mundhöhle, an welche sich der mehr oder weniger muskulöse Pharynx (Fig. 68, ph) anschließt. Bei den Erdwürmern ist die Wandung des kürzeren oder längeren Ösophagus an einer oder an mehreren Stellen sehr muskelreich und bildet die sogenannten Muskelmagen, deren Zahl von systematischer Bedeutung ist. In Verbindung mit dem Ösophagus stehen fernerhin bei den Regenwürmern besondere Drüsen, die Morrenschen Drüsen oder Kalksäckchen, deren milchiger, kalkreicher Inhalt zur Neutralisierung von Säuren, die in dem aufgenommenen Humus enthalten sind, der sogenannten Huminsäuren, dienen soll. Auf die Speiseröhre folgt dann der Mittel- oder Magendarm, dessen dorsale Fläche bei den Lumbriciden in Form einer ansehnlichen Leiste oder Falte in das Darmlumen vorspringt; man bezeichnet diese Falte, durch welche die resorbierende Darmoberfläche eine Vergrößerung erfährt, als Typhlosolis. — Durch das Sekret der mit dem Pharynx der Regenwürmer in Verbindung stehenden Speicheldrüsen scheint die zum guten Teil aus halbverfaulten Pflanzenteilen bestehende Nahrung weiter mazeriert zu werden; im Magendarme würde dann dieselbe durch eiweißlösende, resp. Stärke in Zucker umwandelnde Fermente assimilierbar gemacht werden.

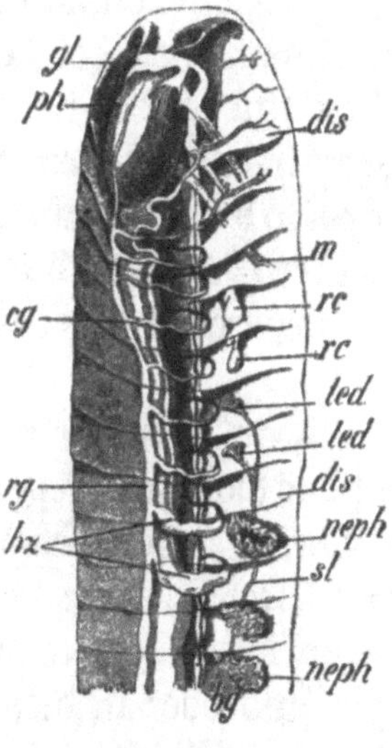

Fig. 68. **Pontodrilus Marionis**, vorderes Körperende, aus R. Hertwig nach Perrier. **dis** Dissepiment, **bg** ventrales Blutgefäß, **cg** Gefäßschlingen, **gl** Gehirn, **hz** Herzen, **m** Muskeln, **rg** dorsales Blutgefäß, **neph** Nephridien, übrige Bezeichnung wie in Fig. 69.

Sämtliche Oligochäten besitzen ein Blutgefäßsystem, das sich in seiner Gesamtkonfiguration an das der Polychäten anschließt. Konstante Bestandteile sind ein kontraktiles Rücken- und ein nicht kontraktiles Bauchgefäß (Fig. 68, rg, bg), die miteinander an den Körperenden und durch segmental angeordnete Gefäßbögen verbunden sind. Die letzteren sind häufig auf die vorderen Segmente beschränkt (Fig. 68, cg), zuweilen sind einige von ihnen kontraktil (hz) und werden dann als Herzen bezeichnet; Lumbricus z. B. besitzt deren 5 Paare. Zu diesen Hauptstämmen gesellt sich, außer anderen, sehr häufig ein sogenanntes subneurales, unter der Bauchganglienkette gelegenes Gefäß, das mit dem dorsalen in direkter Kommunikation steht. Stets vorhanden ist ein den Darm umgebender Blutgefäßplexus und häufig ein in der Haut befindlicher, welcher für die Respiration von großer Bedeutung ist, da besondere Respirationsorgane, Kiemen, sehr selten sind (vorhanden z. B. bei Dero). Das Blut ist gleich dem vieler Polychäten gelblich oder rot gefärbt; der Farbstoff, das Hämoglobin, ist an die Blutflüssigkeit gebunden.

Die Zellen des Peritonealepithels, welche dem Rückengefäß und dem Darmgefäß — überhaupt dem Darme — anliegen, zeichnen sich meist durch bedeutende Größe und eine gelbliche oder schwärzliche Färbung aus; man nennt diese Zellen Chloragogenzellen. Wahrscheinlich haben dieselben die Aufgabe, Exkretionsprodukte oder auch Substanzen, die späterhin, z. B. zur Zeit der Reifung der Geschlechtszellen, Verwendung finden sollen, die also ein Reservematerial darstellen, aus dem Blute aufzunehmen und eventuell zu speichern.

Die mit Exkretionsprodukten beladenen Zellen zerfallen allem Anscheine nach, und die körnigen Zerfallsprodukte können durch die Nephridien (Fig. 68, neph), vielleicht auch durch Poren in der dorsalen Körperwand, die Rückenporen, nach außen befördert werden. Die Nephridien, welche fast stets im ersten Rumpfsegmente fehlen, aber auch in anderen in Wegfall kommen können, beginnen, von wenigen Ausnahmen abgesehen, mit offenen Trichtern im Cölom; der in Schlingen gelegte, auf einer sehr langen Strecke mit einem drüsigen

Epithel versehene und oft von einem Blutgefäßnetz umsponnene Kanalteil endet mit einer Blase, die sich durch einen Porus nach außen öffnet. Eigentümliche Veränderungen erleiden die Exkretionsorgane bei den Megascoleciden; hier tritt an Stelle des einfachen Kanales ein reich verzweigtes System feinerer und gröberer Kanälchen, das mit dem Cölom durch einen oder mehrere Trichter kommuniziert und durch zahlreiche kleine Poren nach außen mündet; auch ein Zerfall eines Nephridimus in mehrere scheint statthaben zu können.

Das Nervensystem schließt sich in seinem Baue an das der Polychäten an; mit Ausnahme von Aeolosoma ist es jedoch stets vom Hautepithel getrennt. Sehr auffällige Gebilde sind die bei den Lumbriciden in der Dreizahl auftretenden, das Bauchmark in ganzer Länge durchziehenden kolossalen Nervenfasern oder Neurochorde, welche eine sehr verschiedene Deutung erfahren haben; es handelt sich um Nervenfasern resp. um Bündel von solchen, die von einer sehr dicken Hülle oder Scheide umgeben sind. Ihre Bedeutung ist noch nicht vollkommen klargelegt; ihre dicken Hüllen dürften vielleicht die Aufgabe haben, Knickungen des Bauchmarkes bei energischen Kontraktionen des Wurmes zu verhindern.

Die Haut ist sehr reich an Sinneszellen, die, Gruppen bildend, als Sinneshügel und -knospen besonders am Vorderende, aber auch an den Rumpfsegmenten auftreten und an den letzteren bei manchen Formen in Ringen angeordnet sind. Es ist wahrscheinlich, daß diese Sinnesorgane vornehmlich auf chemische Reize reagieren und sohin als Geschmacks- und Geruchsorgane zu deuten sind, es ist allerdings nicht ausgeschlossen, daß sie auch Tastorgane darstellen. Diese Funktion ist jedoch, vielleicht mit größerem Rechte, den freien Nervenendigungen, die wenigstens bei Regenwürmern in der Haut nachgewiesen worden sind, zuzuweisen. Augen besitzen verhältnismäßig nur wenige Formen (z. B. Naiden), trotzdem sind die augenlosen Regenwürmer sehr empfindlich gegen Lichtreize. In der Haut der letzteren wurden nun eigentümliche Sinneszellen aufgefunden, die als lichtempfindliche Zellen gedeutet werden; für diese Auffassung spricht besonders der Umstand, daß diejenigen Körperregionen, in denen sie am

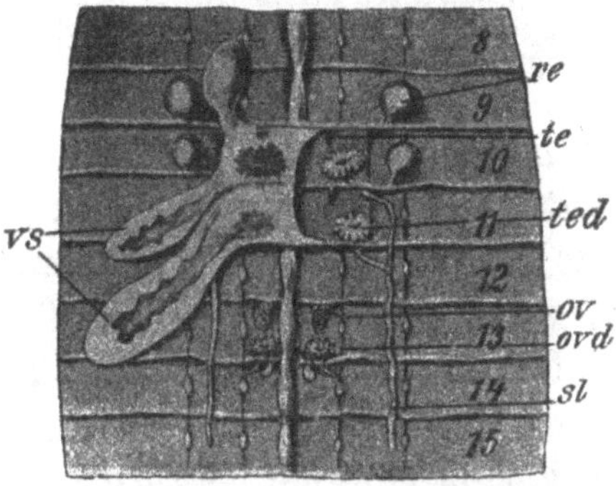

Fig. 69. Geschlechtssegmente des Regenwurms, aus R. Hertwig. ov Ovarien, ovd Wimpertrichter des Ovidents, re Receptacula seminis, sl Samenleiter, te Hoden, ted Wimpertrichter der Samenleiter, vs Samenblasen.

zahlreichsten gefunden werden, auch die lichtempfindlichsten sind.

Im Gegensatz zu den Polychäten sind die Oligochäten Zwitter; es sind streng lokalisierte Geschlechtsdrüsen, Hoden, 1—2 Paare, und Ovarien, 1 Paar, vorhanden. Die ersteren liegen in der Region des sechsten bis elften Segmentes, meist im zehnten und elften, die letzteren im siebenten bis dreizehnten, stets aber hinter den Hoden (Fig. 69, te, ov). Die Entwicklung der Geschlechtszellen erfolgt sehr häufig nicht in den Drüsen selbst, sondern in abgesackten Partien der Leibeshöhle, die man als Samensäcke oder Vesiculae seminales (Fig. 69, vs) und als Eiersäcke bezeichnet. Die Samen- und Eileiter, die letzteren können allerdings fehlen und durch einfache Poren vertreten sein (Nais z. B.), beginnen in der Leibeshöhle mit Wimpertrichtern (Fig. 68, 69, ted, ovd) und ähneln in ihrem Aussehen Nephridien; es ist bemerkenswert, daß bei den niederen Oligochäten die eigentlichen Nephridien in den Geschlechtssegmenten degenerieren, wenn sich die Ausführgänge der Geschlechtsorgane entwickeln, bei den höheren Formen bestehen beide nebeneinander. Besondere Kopulationsorgane, Penes, sind zuweilen vorhanden; spezielle Drüsen, Prostatadrüsen, treten nicht selten mit den Ausführgängen, den Vasa deferentia (sl), in Verbindung. Zur Aufnahme des Spermas bei der Begattung dienen die durch eigene Poren ausmündenden Receptacula seminis (Fig. 68, 69, re). Die Vasa deferentia öffnen sich entweder durch 2 seitliche Poren oder durch eine gemeinsame Öffnung nach außen, die beiden Ovidukte münden meist getrennt. Neben der geschlechtlichen ist ungeschlechtliche Vermehrung durch Teilung bei Naididen, Aolosomaarten usw. häufig; die Fähigkeit, verloren gegangene Teile durch Neubildung zu ersetzen, zu regenerieren, kommt auch noch den Regenwürmern in hohem Maße zu.

Zu den häufigsten wasserbewohnenden Oligochäten gehören: Aeolosoma, leicht kenntlich an den rötlichen oder gelblichen Öltröpfchen in der Haut; Nais; Stylaria proboscidea, deren Kopflappen rüsselartig verlängert ist; intensiv rot gefärbt ist Tubifex; dieser Wurm gräbt im Schlamme kleine Röhrchen, aus denen er mit dem Hinterende hervorschaut. Branchiobdella schmarotzt auf dem Flußkrebs, besonders an dessen Kiemen.

Die erdbewohnenden oder terrikolen Oligochäten zeichnen sich zum Teil durch bedeutende Größe aus, Megascolides australis (Australien) und Microchaetus microchaetus (Afrika) erreichen eine Länge von mehr als 1 m. Einheimische Formen sind Lumbricus terrestris, Allolobophora foetida. Die Regenwürmer sind bekanntlich von hoher Wichtigkeit für den Landwirt; sie lockern durch ihr Wühlen den Boden auf und machen ihn hierdurch für Luft und Feuchtigkeit zugänglicher; sie mischen die verschiedenen Schichten durch einander, ziehen tote Tiere, abgefallene Pflanzenteile in den Boden, dessen Nährgehalt für die Pflanzen auf diese Weise bedeutend erhöht wird.

3. Kl.: **Hirudinea, Blutegel.**

Die Blutegel weichen in ihrem Exterieur merklich von den Chätopoden ab, sie ähneln mehr Saugwürmern. Bedingt wird diese Ähnlichkeit durch das Vorhandensein zweier Saugscheiben, von denen die am hinteren Ende befindliche stärker entwickelt ist, als die des vorderen, und hierzu kommt dann weiterhin die häufig platte Leibesform. An dem vom Rumpfe nicht abgesetzten Kopfe fehlen Fühler jeder Art; Borsten sind nur bei Acanthobdella an den vordersten Körpersegmenten vorhanden. Die Zahl der Metameren, welche bei den Chätopoden eine äußerst variable ist, wird für alle Hirudineen mit 34 angegeben und entspricht nicht der Anzahl der Ringel, von denen bei den Kieferegeln im allgemeinen 5, bei den Rüsselegeln 3, 6 oder mehr auf ein Segment entfallen.

Vergleicht man einen Querschnitt durch den Körper eines Blutegels mit dem eines Chätopoden, so ergeben sich ganz auffallende Unterschiede: Die unter dem drüsenreichen Epithel gelegene Muskulatur ist bei dem ersteren ganz gewaltig entwickelt, von einer Leibeshöhle ist nichts zu sehen, alle Organe scheinen wie bei den Plathelminthen direkt in Muskelmassen und Bindegewebe eingebettet zu sein. — In der Tiefe des vorderen Saugnapfes oder der Mundhöhle liegt bei den Kieferegeln, zu denen auch der medizinische Blutegel zählt, die Eingangspforte in den Pharynx; diese ist bei den genannten Formen fast stets von 3 Kiefern (Fig. 70, kf) umstellt, welche hauptsächlich aus Muskeln bestehen und an ihrem freien, fast halbkreisförmig gebogenen Rande feste Zähnchen tragen. Die Größe der nach Art von Kreissägen wirkenden Kiefern sowie die Zahl der Zähnchen sind sehr variabel; Formen, welche wie Aulastoma gulo von kleinen, weichhäutigen Tieren leben, besitzen kleine, zahnarme Kiefern, bei den an Säugetieren blutsaugenden Hirudo-Arten sind die Kiefern relativ groß und mit zahlreichen Zähnchen versehen. Zwischen den Zähnchen münden die Ausführgänge der Speicheldrüsen, deren Sekret bei den Blutsaugern die Gerinnung des Blutes verhindert. Der muskulöse Pharynx (Fig. 72, ph) selbst dient als Saug- und Pumpapparat.

Die Rüsselegel oder Rhynchobdelliden entbehren der Kiefern, sie besitzen einen muskulösen, vorstreckbaren, rohrartigen, in

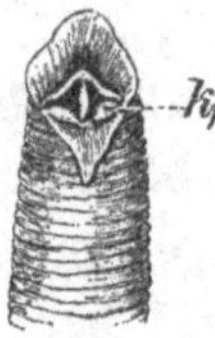

Fig. 70. Hirudo medicinalis, nach Leuckart aus Claus. Mundhöhle aufgeschnitten, kf Kiefer.

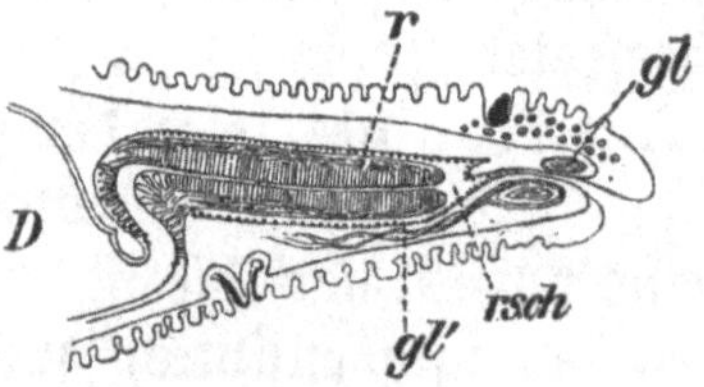

Fig. 71. Längsschnitt durch das Vorderende eines Rüsselegels, Clepsine, aus Leuckart. D Darm, gl Gehirn, gl' Bauchganglienkette, r Rüssel, rsch Rüsselscheide.

eine Scheide (rsch) eingeschlossenen Rüssel (Fig. 71, r), dessen Spitze bei manchen Arten, z. B. Haementaria, auch die Haut von Säugetieren zu durchbohren vermag. Der Mitteldarm der meisten Hirudineen ist mit einer größeren oder geringeren Zahl von paarigen, seitlichen Divertikeln, die von vorn nach hinten an Größe zunehmen, ausgestattet (Fig. 72, D); hierdurch werden sowohl der Fassungsraum des Darmes als auch die resorbierende Oberfläche sehr wesentlich vergrößert. Für die Resorption der Nahrung dürfte auch der Hinterdarm (D^1), welcher bei den Gnathobdelliden meist ein einfaches Rohr darstellt, bei den Rhynchobdelliden dagegen häufig gleich dem Mitteldarme mit paarigen Divertikeln versehen ist, von

Bedeutung sein; hierauf deutet besonders auch das Verhalten der Blutgefäße hin. Bei den Rüsselegeln liegt dieser Darmabschnitt geradezu in einem Blutsinus, ein reiches Gefäßnetz umgibt ihn bei den Kieferegeln. Der Mastdarm (D″) ist kurz, die Analöffnung liegt über dem hinteren Saugnapfe.

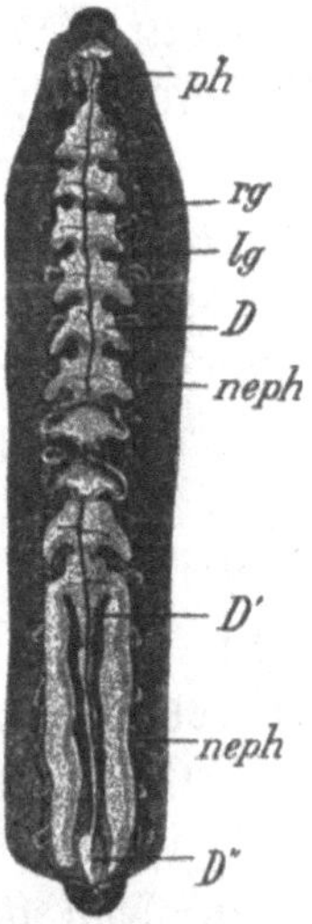

Fig. 72. Hirudo medicinalis, nach Hatschek aus R. Hertwig. D Mitteldarm, D′ Hinterdarm, D″ Mastdarm, lg laterales Blutgefäß, neph Nephridien, ph Pharynx, rg Rückengefäß.

Eine deutliche Scheidung von Leibeshöhle und Blutgefäßsystem ist bei Rhynchobdelliden anzutreffen. Das letztere besteht aus einem Rücken- (Fig. 73, dg) und einem Bauchgefäße

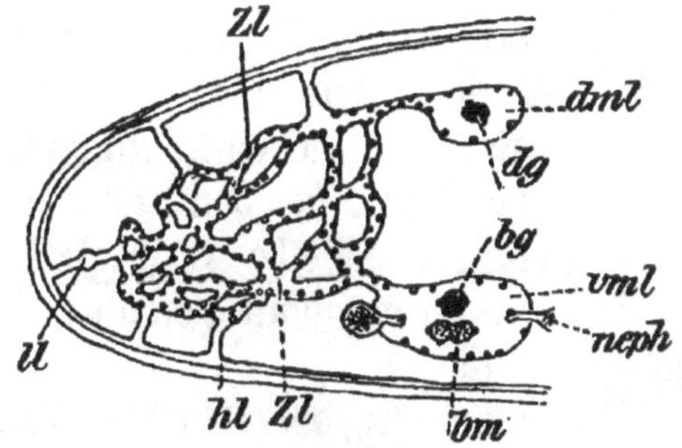

Fig. 73.
Querschnitt durch Clepsine, um das Verhalten des Cöloms zu zeigen, aus Grobben nach Kowalevsky.
bg ventrales Blutgefäß, bm Bauchmark, dg dorsales Blutgefäß, neph Nephridien, dml dorsale Lacune des Cöloms, hl hypodermale, ll laterale, vml ventrale, Zl Zwischenlacune.

(bg), die am vorderen und hinteren Ende durch Gefäßschlingen verbunden sind. Beide liegen in einem Teil der Leibeshöhle, der Medianlacune (dml, vml), die auch das Bauchmark (bm), einen Teil des Darmes und des Genitalapparates enthält; zur Leibeshöhle gehören noch die zwei kanalartigen, in den seitlichen Körperpartien befindlichen Laterallacunen (ll), die zwischen diesen und der Medianlacune gelegenen Zwischenlacunen (Zl) sowie dicht unter der Haut verlaufende sehr feine, die Laterallacunen verbindende Kanälchen, die vielleicht in Beziehung zur Respiration stehen (Fig. 73, hl). Ganz anders verhalten sich die Dinge bei den Gnathobdelliden; Hirudo möge uns als Beispiel dienen. Das sogenannte Blutgefäßsystem besteht hier aus 4 Hauptblutgefäßen, die durch zahlreiche Gefäßcommissuren verbunden sind; kleinere Gefäße ziehen zur Haut und bilden das respiratorische Gefäßnetz. Kiemen besitzt nur Branchellion. Von den 4 Hauptstämmen liegt einer dorsal (Fig. 72, rg), einer ventral vom Darme, zwei (lg) haben eine ähnliche Situation wie die Seitenlacunen von Clepsine. Das ventrale Gefäß birgt die Bauchganglienkette und ist unzweifelhaft als ein Teil des Cöloms aufzufassen, das lehrt die Entwicklungsgeschichte; zweifelhaft ist dagegen die Sache bei den drei anderen Gefäßen. In ihnen allen zirkuliert dieselbe Flüssigkeit, das Blut, dessen rote Farbe von Hämoglobin herrührt, das an die Blutflüssigkeit gebunden ist.

Die Wandung der kleinsten Gefäße wird zum Teil von großen Zellen gebildet, die von gefärbten Körnchen erfüllt sind; sie lassen sich vielleicht mit den Chloragogenzellen der Regenwürmer vergleichen.

Die Exkretionsorgane (Fig. 72, neph), deren Zahl zwischen etwa 10 und 17 Paaren schwankt, schließen sich in ihrem Baue im wesentlichen an die Oligochäten an, und das gleiche gilt für das Nervensystem. Durch besondere Größe zeichnen sich das erste und letzte Ganglion der Bauchganglienkette aus; es ist dies darauf zurückzuführen, daß 5 resp. 7 Ganglienpaare in die Bildung derselben eingegangen sind, und dementsprechend ist auch die Zahl der aus ihnen hervorgehenden Nerven eine ansehnlichere. Von Sinnesorganen sind am längsten die Augen bekannt; sie liegen gewöhnlich am Vorderende, bei

Piscicola ist jedoch auch die hintere Haftscheibe mit nicht weniger als 5 Paaren versehen. Am Vorderende sind bei dieser Form 2, bei anderen Hirudineen 1—5 Paare vorhanden. Sinnesknospen, auch becherförmige Organe genannt, sind in regelmäßiger Anordnung an allen Segmenten auf bestimmten Ringeln anzutreffen und bilden Längsreihen, die teils der Bauch-, teils der Rückenfläche angehören; ihre Bedeutung dürfte die gleiche sein wie bei den Oligochäten. Besonders erwähnt seien noch die Tastkegel, die bei den Rhynchobdelliden in großer Zahl vorhanden sind; sie bestehen aus einer kegelförmigen Sinneszelle, die an ihrer Basis von einer Muskelzelle umfaßt wird.

Sämtliche Blutegel sind Zwitter; die männliche Geschlechtsöffnung liegt im elften, die weibliche im zwölften Segmente. Die sack- oder bläschenförmigen Hoden, deren Zahl zwischen 2 (Acanthobdella) und ca. 90 (Nephelis) schwankt, werden durch 2 Samenleiter mit dem Kopulationsorgane verbunden, das bei manchen Formen, Hirudo, Aulastoma, nach außen vorgestülpt und in die weibliche Geschlechtsöffnung eingeführt werden kann; bei anderen, denen ein solcher vorstülpbarer Penis fehlt, Clepsine, Nephelis, erfolgt dagegen die Übertragung des Spermas auf sehr merkwürdige Weise: es werden hier im Kopulationsorgane kleine Röhrchen, sogenannte Spermatophoren, gebildet, die bei der Begattung an irgend einer beliebigen Körperstelle in ein zweites Individuum eingedrückt werden. Nach der einen Anschauung sind die Röhrchen prall mit Sperma erfüllt, das ohne weitere Beteiligung des die Rolle des Männchens spielenden Tieres sich seinen Weg in den Körper des Weibchens bahnt und bis in die Ovarien vordringt, nach der anderen pumpt dagegen das Männchen das Sperma durch die Röhre förmlich in das Weibchen hinein; ist dies geschehen, so dringen die Spermien selbständig weiter vor.

Die Ovarien sind immer in einem Paare vorhanden; die Ovidukte vereinigen sich zu einem Gange, in den häufig Drüsen einmünden, die vielleicht ein zur Ernährung der Embryonen dienendes Sekret liefern; dieser Gang geht dann in die kürzere oder längere Vagina über. Die in das Wasser oder in feuchte Erde abgelegten Eier werden bei Hirudo, Aulastoma, Nephelis in größerer Zahl von einer festen Hülle, die von Hautdrüsen abgesondert wird, umgeben, es wird ein sogenannter Kokon gebildet; die Clepsinen hingegen bedecken die Eier mit ihrem Körper und tragen späterhin die Jungen noch eine Zeitlang mit sich umher.

Die Blutegel leben teils im süßen und salzigen Wasser, teils in feuchter Erde, feuchtem Laube, in Wäldern; die letzteren oder Landblutegel gehören fast ausnahmslos den Tropen an und werden für die Reisenden zu einer großen Plage; der einzige europäische Landblutegel ist Xerobdella Lecomtei.

Von den Rüsselegeln (Rhynchobdelliden) seien erwähnt: Acanthobdella, mit Borsten, auf Süßwasserfischen (Sibirien); Pontobdella auf Rochen; Piscicola auf Süßwasserfischen; Clepsine (Glossiphonia) in Bächen und Teichen, saugt besonders Schnecken aus.

Zu den Kieferegeln (Gnathobdelliden) gehören Hirudo medicinalis und officinalis, welche zu medizinischen Zwecken verwendet werden. Aulastoma, häufig in Bächen, ebenso Nephelis. Ein sehr gefürchteter Landblutegel ist Haemadipsa ceylanica, Ceylon, Japan usw. In Europa (Kärnten, Steiermark) Xerobdella Lecomtei, saugt Blut an Salamandra atra.

Unter dem Namen **Gephyrea, Sternwürmer, Spritzwürmer,** hat man eine Anzahl mariner, im Sande und in Felsenritzen lebender Würmer zusammengefaßt, die äußerlich keine Gliederung zeigen, und bei denen auch in der Anordnung der Organe hiervon nichts oder nur wenig zu bemerken ist. Bei den mit einem Paare hakenförmiger Borsten ausgestatteten **Echiuroideen** tritt in der Entwicklungsgeschichte eine segmentierte typische Annelidenlarve auf, sie fehlt dagegen den **Sipunculoideen**, die auch stets der Borsten entbehren. Die ersteren gehören sicher zu den Gliederwürmern, die Beziehungen der letzteren zu diesen sind unklar.

4. Kl.: Echiuroidea, Gephyrea chaetifera.

Am Vorderende des sack- oder walzenförmigen Körpers inseriert der sogenannte Rüssel, ein ansehnlicher, sehr beweglicher, solider, bei Bonellia am Vorderende tief gespaltener Lappen (Fig. 74, R), dessen Ränder eingekrümmt sind; er entspricht einem stark verlängerten Prostomium; an seiner Basis liegt der Mund. In einiger Entfernung vom Munde bemerkt man auf der Ventralseite das Hakenpaar; ein oder zwei Borstenkränze liegen bei Echiurus in der Nähe des Hinterendes, an dessen Spitze der After liegt.

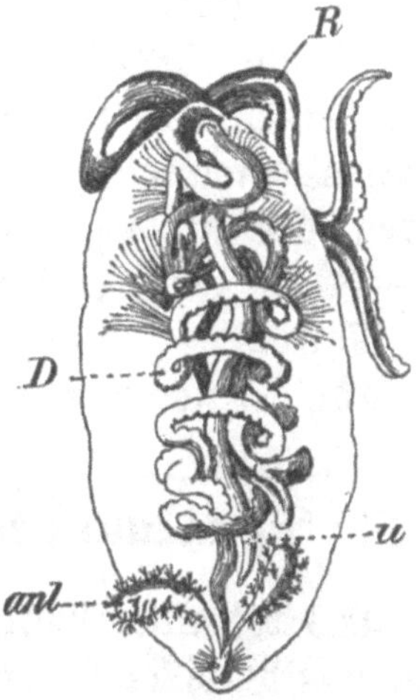

Fig. 74. Bonellia viridis, Weibchen, nach Huxley aus R. Hertwig. anl Analschläuche, D Darm, R Rüssel, Kopflappen, u Nephridium.

Von anatomischen Eigentümlichkeiten sei zunächst hervorgehoben, daß der lange, in zahlreiche Schlingen gelegte Darm (Fig. 74, D) mit einem sogenannten Nebendarme versehen ist; dieser stellt ein Rohr dar, das in einiger Entfernung vom Munde von dem Darme abzweigt und in einigem Abstande vom After wieder in den Darm einmündet. Die Bedeutung des Nebendarmes ist unbekannt. Die in der vorderen Körperhälfte gelegenen, großen Nephridien sind in 1—4 Paaren vorhanden, ein unpaares Nephridium besitzt Bonellia (Fig. 74, u). Sie dienen vornehmlich zur Aufnahme und Ausleitung der

Geschlechtsprodukte, während als exkretorisch funktionierende Organe in erster Linie die sogenannten Analschläuche (Fig. 74, anl) in Betracht kommen, die durch zahlreiche kleine Wimpertrichter mit der geräumigen Leibeshöhle kommunizieren und in den Enddarm münden. Nerven- und Blutgefäßsystem zeigen gewisse Besonderheiten, lassen sich aber leicht mit den entsprechenden Organen der Chätopoden vergleichen. Die Geschlechter sind getrennt; die unpaare Geschlechtsdrüse liegt in der hinteren Körperhälfte, ventral. Ein auffallender Dimorphismus der Geschlechter ist für Bonellia zu konstatieren. Die kleinen, nur 1—2 mm langen Männchen sind am ganzen Körper bewimpert, besitzen einen rudimentären Darm und leben erst im Ösophagus, dann im Nephridium der ca. 10—30 cm großen Weibchen.

Echiurus, Nordsee; Bonellia viridis, Weibchen grün gefärbt, Mittelmeer.

5. Kl.: **Sipunculoidea, Gephyrea achaeta (inermes).**

Das retraktile Vorderende des zylindrischen, gerunzelten und von Papillen bedeckten Körpers, das an seiner Spitze den Mund trägt, der bei den **Sipunculiden,** nicht aber den **Priapuliden,** von Tentakeln umstellt ist, wird auch als Rüssel bezeichnet; doch entspricht dieser Rüssel durchaus nicht dem der Echiuroideen, sondern stellt die vorderste Partie des Rumpfes dar. Der Darm der Sipunculiden ist spiralig gewunden und die rückenständige Analöffnung erscheint weit nach vorn verschoben; der der Priapuliden ist gerade und mündet an der hinteren Körperspitze nach außen; sein vorderster Abschnitt bildet einen muskulösen, mit zahnartigen Papillen ausgestatteten Schlundkopf, der den Sipunculiden fehlt. Die Leibeshöhle, das Cölom, setzt sich in Form kanalartiger Divertikel in die dicke, muskulöse Leibeswand fort; als ein besonderer abgeschlossener Teil des Cöloms ist auch das sogenannte Blutgefäßsystem der Sipunculiden zu betrachten, das aus einem den Ösophagus umgebenden Ringkanale, ein oder zwei kontraktilen Blindschläuchen und den Tentakelgefäßen besteht. Die beiden Nephridien der Sipunculiden gleichen in ihrem Baue denen der Echiuriden und dienen vornehmlich zur Ausfuhr der Geschlechtsprodukte, dem Peritonealepithel dürfte eine bedeutende, exkretorische Tätigkeit zuzuschreiben sein; die Geschlechtsdrüsen selbst liegen an der Basis der Rüsselretraktoren. Bei den Priapuliden haben die Nephridien eine ähnliche Lage wie die Analschläuche der Echiuriden, münden aber in der Nähe des Afters durch besondere Poren nach außen und stehen hier auch der Lage nach in innigster Beziehung zu den Geschlechtsdrüsen. Das Nervensystem besteht aus einem Schlundringe und einem Bauchstrange, ein schärfer differenziertes Gehirn kommt nur den Sipunculiden zu; als Sinnesorgane sind gleich wie bei den Echiuriden nur Sinnesknospen nachgewiesen worden.

Sipunculus nudus wird 15—20 cm lang, weit verbreitet.
Priapulus caudatus fast ebenso lang, mit einem von Papillen, Kiemen, besetzten, schwanzartigen Anhange. Ostsee, nordische Meere.

Anhang zu den Würmern.

Chaetognatha, Pfeilwürmer.

Die systematische Stellung dieser fast in allen Meeren pelagisch lebenden Tiere läßt sich vorderhand nicht näher präzisieren. An dem fischähnlichen, 5 mm bis 7 cm langen, in seinem hinteren Abschnitte von einem horizontal gestellten, flossenartigen Saume umgebenen Körper unterscheidet man 3 Abschnitte, einen Kopf, Rumpf und Schwanz, die voneinander durch quere Septen getrennt werden.

An den seitlichen Partien des Kopfes, welcher von einer Hautfalte kapuzenartig umhüllt wird, stehen gewaltige Haken zum Fangen der Beute; an seiner Spitze liegt die Mundöffnung. Der kurze, gerade Darm endet im Rumpfe dicht vor dem Schwanzabschnitte und mündet hier durch die Afteröffnung nach außen. Im Kopfe liegt ein Paar größerer Ganglien, das Gehirn; dieses ist durch zwei Commissuren, die Schlundcommissuren, mit einem großen, im Rumpf befindlichen Ganglion verbunden. Außer Augen sind über den ganzen Körper verstreute Sinnespapillen beobachtet worden; als Geruchsorgan wird ein rundes oder ovales Feld von Sinneszellen gedeutet, das dicht hinter dem Kopfe auf der Rückenfläche gelegen ist. Blutgefäße und besondere Exkretionsorgane fehlen. Die Ovarien liegen in einem Paare in der Rumpf-, die Hoden in der Schwanzregion. Die Leibeshöhle ist ein Cölom, das aus der Absackung zweier Urdarmdivertikel hervorgeht.

Sagitta; Spadella.

Register.

Verzeichnis der erschienenen Bände.

Russische Literatur v. Dr. Erich Boehme, Lektor an d. Handelshochschule Berlin. I. Teil: Auswahl moderner Prosa und Poesie mit ausführlichen Anmerkungen und Akzentbezeichnung. Nr. 403.

— — II. Teil: Всеволодъ Гаршинъ, Разсказы. Mit Anmerkungen und Akzentbezeichnung. Nr. 404.

Geschichte der klassischen Philologie von Dr. Wilh. Kroll, ord. Prof. an der Universität Münster. Nr. 367.

Siehe auch „Handelswissenschaftliche Bibliothek".

Weitere Bände sind in Vorbereitung.

Literaturgeschichtliche Bibliothek.

Deutsche Literaturgeschichte von Dr. Max Koch, Professor an der Universität Breslau. Nr. 31.

Deutsche Literaturgeschichte der Klassikerzeit von Prof. Carl Weitbrecht. Nr. 161.

Deutsche Literaturgeschichte des 19. Jahrhunderts von Carl Weitbrecht. Durchgesehen und ergänzt von Dr. Richard Weitbrecht in Wimpfen. 2 Teile. Nr. 134, 135.

Geschichte des deutschen Romans von Dr. Hellmuth Mielke. Nr. 229.

Gotische Sprachdenkmäler mit Grammatik, Übersetzung und Erläuterungen von Dr. Hermann Jantzen, Direktor der Königin Luise-Schule in Königsberg i. Pr. Nr. 79.

Althochdeutsche Literatur mit Grammatik, Übersetzung und Erläuterungen von Th. Schauffler, Prof. am Realgymnasium in Ulm. Nr. 28.

Eddalieder mit Grammatik, Übersetzung und Erläuterungen von Dr. Wilh. Ranisch, Gymnasialoberlehrer in Osnabrück. Nr. 171.

Das Walthari-Lied. Ein Heldensang aus dem 10. Jahrhundert im Versmaße der Urschrift übersetzt u. erläutert v. Prof. Dr. H. Althof in Weimar. Nr. 46.

Dichtungen aus mittelhochdeutscher Frühzeit. In Auswahl mit Einleitungen und Wörterbuch herausgegeben von Dr. Hermann Jantzen, Direktor der Königin Luise-Schule in Königsberg i. Pr. Nr. 137.

Der Nibelunge Nôt in Auswahl und **mittelhochdeutsche Grammatik** mit kurzem Wörterbuch von Dr. W. Golther, Prof. an der Universität Rostock. Nr. 1.

Kudrun und Dietrichepen. Mit Einleitung und Wörterbuch von Dr. O. L. Jiriczek, Prof. an der Universität Münster. Nr. 10.

Hartmann von Aue, Wolfram von Eschenbach und Gottfried von Straßburg. Auswahl aus dem höfischen Epos mit Anmerkungen und Wörterbuch v. Dr. K. Marold, Prof. a. Kgl. Friedrichskollegium zu Königsberg i. Pr. Nr. 22.

Walther von der Vogelweide mit Auswahl aus **Minnesang und Spruchdichtung.** Mit Anmerkungen und einem Wörterbuch von O. Güntter, Prof. an der Oberrealschule und an der Techn. Hochschule in Stuttgart. Nr. 23.

Die Epigonen des höfischen Epos. Auswahl aus deutschen Dichtungen des 13. Jahrhunderts von Dr. Viktor Junk, Aktuarius der Kais. Akademie der Wissenschaften in Wien. Nr. 289.

Literaturdenkmäler des 14. und 15. Jahrhunderts, ausgewählt und erläutert von Dr. Hermann Jantzen, Direktor der Königin Luise-Schule in Königsberg i. Pr. Nr. 181.

Literaturdenkmäler des 16. Jahrhunderts. I: Martin Luther, Thomas Murner und das Kirchenlied des 16. Jahrhunderts. Ausgewählt und mit Einleitungen und Anmerkungen versehen von Prof. G. Berlit, Oberlehrer am Nikolaigymnasium zu Leipzig. Nr. 7.

— **II: Hans Sachs.** Ausgewählt u. erläutert v. Professor Dr. Julius Sahr. Nr. 24.

— **III: Von Brant bis Rollenhagen: Brant, Hutten, Fischart, sowie Tierepos und Fabel.** Ausgewählt u. erläutert von Prof. Dr. Julius Sahr. Nr. 36.

Deutsche Literaturdenkmäler des 17. und 18. Jahrhunderts von Dr. Paul Legband in Berlin. 1. Teil. Nr. 364.

Simplicius Simplicissimus von Hans Jakob Christoffel von Grimmelshausen. In Auswahl herausgegeben von Prof. Dr. F. Bobertag, Dozent an der Universität Breslau. Nr. 138.

Das deutsche Volkslied. Ausgewählt und erläutert von Professor Dr. Julius Sahr. 2 Bändchen. Nr. 25, 132.

Lessings Emilia Galotti. Mit Einleitung und Anmerkungen von Professor Dr. W. Votsch. Nr. 2.

Lessings Minna von Barnhelm. Mit Anmerkungen von Dr. Tomaschek. Nr. 5.

Englische Literaturgeschichte von Dr. Karl Weiser in Wien. Nr. 69.

Grundzüge und Haupttypen der englischen Literaturgeschichte von Dr. Arnold M. M. Schröer, Prof. an der Handelshochschule in Köln. 2 Teile. Nr. 286, 287.

Italienische Literaturgeschichte von Dr. Karl Voßler, Prof. an der Universität Heidelberg. Nr. 125.

Spanische Literaturgeschichte von Dr. Rudolf Beer in Wien. 2 Bde. Nr. 167, 168.

Portugiesische Literaturgeschichte von Dr. Karl von Reinhardstoettner, Prof. an der Königl. Technischen Hochschule München. Nr. 213.

Russische Literaturgeschichte von Dr. Georg Polonskij in München. Nr. 166.

Slavische Literaturgeschichte von Dr. Josef Karásek in Wien. I: Ältere Literatur bis zur Wiedergeburt. Nr. 277.

— II: Das 19. Jahrhundert. Nr. 278.

Nordische Literaturgeschichte. I: Die isländische und norwegische Literatur des Mittelalters von Dr. Wolfgang Golther, Prof. an der Universität Rostock. Nr. 254.

Die Hauptliteraturen des Orients von Dr. Mich. Haberlandt, Privatdozent an der Universität Wien. I: Die Literaturen Ostasiens und Indiens. Nr. 162.

— II: Die Literaturen der Perser, Semiten und Türken. Nr. 163.

Griechische Literaturgeschichte mit Berücksichtigung der Geschichte der Wissenschaften von Dr. Alfred Gercke, Prof. an der Univers. Greifswald. Nr. 70.

Römische Literaturgeschichte von Dr. Herm. Joachim in Hamburg. Nr. 52.

☞ Weitere Bände sind in Vorbereitung.

Geschichtliche Bibliothek.

Einleitung in die Geschichtswissenschaft von Dr. Ernst Bernheim, Prof. an der Universität Greifswald. Nr. 270.

Urgeschichte der Menschheit von Dr. Moriz Hoernes, Prof. an der Universität in Wien. Mit 53 Abbildungen. Nr. 42.

Geschichte des alten Morgenlandes von Dr. Fr. Hommel, o. ö. Prof. der semitischen Sprachen an der Universität in München. Mit 9 Voll- und Textbildern und 1 Karte des Morgenlandes. Nr. 43.

Geschichte Israels bis auf die griechische Zeit von Lic. Dr. J. Benzinger. Nr. 231.

Neutestamentliche Zeitgeschichte I: Der historische und kulturgeschichtliche Hintergrund des Urchristentums von Lic. Dr. W. Staerk, Privatdozent in Jena. Mit 3 Karten. Nr. 325.

— II: Die Religion des Judentums im Zeitalter des Hellenismus und der Römerherrschaft. Mit einer Planskizze. Nr. 326.

Griechische Geschichte von Dr. Heinrich Swoboda, Prof. an der Deutschen Univ. Prag. Nr. 49.

Griechische Altertumskunde von Prof. Dr. Rich. Maisch, neubearbeitet von Rektor Dr. Franz Pohlhammer. Mit 9 Vollbildern. Nr. 16.

Römische Geschichte von Realgymnasialdirektor Dr. Julius Koch in Grunewald. Nr. 19.

Römische Altertumskunde von Dr. Leo Bloch in Wien. Mit 8 Vollbild. Nr. 45.

Geschichte des Byzantinischen Reiches von Dr. K. Roth in Kempten. Nr. 190.

Deutsche Geschichte I: Mittelalter (bis 1519) von Prof. Dr. F. Kurze, Oberlehrer am Kgl. Luisengymnasium in Berlin. Nr. 33.

— II: Zeitalter der Reformation und der Religionskriege (1500—1648) von Prof. Dr. F. Kurze, Oberlehrer am Kgl. Luisengymn. in Berlin. Nr. 34.

— III: Vom Westfälischen Frieden bis zur Auflösung des alten Reichs (1648 bis 1806) von Prof. Dr. F. Kurze, Oberlehrer am Kgl. Luisengymnasium in Berlin. Nr. 35.

Deutsche Stammeskunde von Dr. Rudolf Much, Prof. an der Universität in Wien. Mit 2 Karten und 2 Tafeln. Nr. 126.

Die deutschen Altertümer von Dr. Franz Fuhse, Direktor des Städt. Museums in Braunschweig. Mit 70 Abbildungen. Nr. 124.

Abriß der Burgenkunde von Hofrat Dr. Otto Piper in München. Mit 30 Abbildungen. Nr. 119.

Deutsche Kulturgeschichte von Dr. Reinh. Günther. Nr. 56.

Deutsches Leben im 12. u. 13. Jahrhundert. Realkommentar zu den Volks- und Kunstepen und zum Minnesang. I: Öffentliches Leben. Von Prof. Dr. Jul. Dieffenbacher in Freiburg i. B. Mit 1 Tafel u. Abbildungen. Nr. 93.

— II: Privatleben. Mit Abbildungen. Nr. 328.

Quellenkunde zur Deutschen Geschichte von Dr. Carl Jacob, Prof. an der Universität in Tübingen. 1. Band. Nr. 279.

Österreichische Geschichte. I: Von der Urzeit bis zum Tode König Albrechts II. (1439) von Prof. Dr. Franz von Krones, neubearbeitet von Dr. Karl Uhlirz, Prof. an der Univ. Graz. Mit 11 Stammtafeln. Nr. 104.

— II: Vom Tode König Albrechts II. bis zum Westfälischen Frieden (1440 bis 1648) von Prof. Dr. Franz von Krones, neubearbeitet von Dr. Karl Uhlirz, Prof. an der Universität Graz. Mit 2 Stammtafeln. Nr. 105.

Englische Geschichte von Prof. L. Gerber, Oberlehrer in Düsseldorf. Nr. 375.

Französische Geschichte von Dr. R. Sternfeld, Prof. an der Univ. Berlin. Nr. 85.

Russische Geschichte von Dr. Wilhelm Reeb, Oberlehrer am Ostergymnasium in Mainz. Nr. 4.

Polnische Geschichte von Dr. Clemens Brandenburger in Posen. Nr. 338.

Spanische Geschichte von Dr. Gust. Diercks. Nr. 266.

Schweizerische Geschichte v. Dr. K. Dändliker, Prof. a. d. Univ. Zürich. Nr. 188.

Geschichte der christlichen Balkanstaaten (Bulgarien, Serbien, Rumänien, Montenegro, Griechenland) von Dr. K. Roth in Kempten. Nr. 331.

Bayerische Geschichte von Dr. Hans Ockel in Augsburg. Nr. 160.

Sächsische Geschichte von Prof. Otto Kaemmel, Rektor des Nikolaigymnasiums zu Leipzig. Nr. 100.

Thüringische Geschichte von Dr. Ernst Devrient in Jena. Nr. 352.

Badische Geschichte von Dr. Karl Brunner, Prof. am Gymnasium in Pforzheim und Privatdozent der Geschichte an der Techn. Hochschule in Karlsruhe. Nr. 230.

Geschichte Lothringens von Geh. Reg.-R. Dr. Herm. Derichsweiler in Straßburg. Nr. 6.

Die Kultur der Renaissance. Gesittung, Forschung, Dichtung von Dr. Robert F. Arnold, Professor an der Universität Wien. Nr. 189.

Geschichte des 19. Jahrhunderts von Oskar Jäger, o. Honorarprofessor an der Universität Bonn. 1. Bändchen: 1800—1852. Nr. 216.

— 2. Bändchen: 1853 bis Ende des Jahrhunderts. Nr. 217.

Kolonialgeschichte von Dr. Dietrich Schäfer, Prof. der Geschichte an der Univ. Berlin. Nr. 156.

Die Seemacht in der deutschen Geschichte von Wirkl. Admiralitätsrat Dr. Ernst von Halle, Prof. an der Universität Berlin. Nr. 370.

☛ Weitere Bände sind in Vorbereitung.

Geographische Bibliothek.

Physische Geographie von Dr. Siegm. Günther, Professor an der Königl. Technischen Hochschule in München. Mit 32 Abbildungen. Nr. 26.

Astronomische Geographie von Dr. Siegm. Günther, Professor an der Königl. Technischen Hochschule in München. Mit 52 Abbildungen. Nr. 92.

Klimakunde. I: Allgemeine Klimalehre von Professor Dr. W. Köppen, Meteorologe der Seewarte Hamburg. Mit 7 Tafeln u. 2 Figuren. Nr. 114.

Meteorologie von Dr. W. Trabert, Professor a. d. Universität in Innsbruck. Mit 49 Abbildungen und 7 Tafeln. Nr. 54.

Physische Meereskunde von Dr. Gerhard Schott, Abteilungsvorsteher an der Deutschen Seewarte in Hamburg. Mit 28 Abb. im Text u. 8 Tafeln. Nr. 112.

Paläogeographie. Geologische Geschichte der Meere u. Festländer v. Dr. Franz Kossmat in Wien. Mit 6 Karten. Nr. 406.

Die Alpen von Dr. Rob. Sieger, Prof. an der Universität Graz. Mit 19 Abbildungen und 1 Karte. Nr. 129.

Gletscherkunde von Dr. Fritz Machacek in Wien. Mit 5 Abbildungen im Text und 11 Tafeln. Nr. 154.

Pflanzengeographie von Prof. Dr. Ludwig Diels, Privatdoz. an der Univers. Berlin. Nr. 389.

Tiergeographie von Dr. Arnold Jacobi, Professor der Zoologie an der Königl. Forstakademie zu Tharandt. Mit 2 Karten. Nr. 218.

Länderkunde von Europa von Dr. Franz Heiderich, Professor am Francisco-Josephinum in Mödling. Mit 14 Textkärtchen und Diagrammen und einer Karte der Alpeneinteilung. Nr. 62.

— **der außereuropäischen Erdteile** von Dr. Franz Heiderich, Professor am Francisco-Josephinum in Mödling. Mit 11 Textkärtchen u. Profil. Nr. 63.

Landeskunde und Wirtschaftsgeographie des Festlandes Australien von Dr. Kurt Hassert, Professor an der Handelshochschule in Köln. Mit 8 Abbildungen, 6 graphischen Tabellen und 1 Karte. Nr. 319.

— **von Baden** von Professor Dr. O. Kienitz in Karlsruhe. Mit Profilen, Abbildungen und 1 Karte. Nr. 199.

— **des Königreichs Bayern** von Dr. W. Götz, Professor an der Königl. Techn. Hochschule München. Mit Profilen, Abbildungen und 1 Karte. Nr. 176.

— **der Republik Brasilien** von Rodolpho von Ihering. Mit 12 Abbildungen und einer Karte. Nr. 373.

— **von Britisch-Nordamerika** von Professor Dr. A. Oppel in Bremen. Mit 13 Abbildungen und 1 Karte. Nr. 284.

— **von Elsaß-Lothringen** von Prof. Dr. R. Langenbeck in Straßburg i. E. Mit 11 Abbildungen und 1 Karte. Nr. 215.

— **des Großherzogtums Hessen, der Provinz Hessen-Nassau und des Fürstentums Waldeck** von Prof. Dr. Georg Greim in Darmstadt. Mit 13 Abbildungen und 1 Karte. Nr. 376.

— **der Iberischen Halbinsel** v. Dr. Fritz Regel, Prof. a. d. Univ. Würzburg. Mit 8 Kärtchen und 8 Abbild. im Text und 1 Karte im Farbendruck. Nr. 235.

— **von Österreich-Ungarn** von Dr. Alfred Grund, Professor an der Universität Berlin. Mit 10 Textillustrationen und 1 Karte. Nr. 244.

— **der Rheinprovinz** von Dr. V. Steinecke, Direktor des Realgymnasiums in Essen. Mit 9 Abb., 3 Kärtchen und 1 Karte. Nr. 308.

— **des Europäischen Rußlands nebst Finnlands** von Dr. Alfred Philippson, ord. Prof. der Geographie an der Universität Halle a. S. Mit 9 Abbildungen, 7 Textkarten und einer lithographischen Karte. Nr. 359.

— **des Königreichs Sachsen** von Dr. J. Zemmrich, Oberlehrer am Realgymnasium in Plauen. Mit 12 Abbildungen und 1 Karte. Nr. 258.

— **der Schweiz** von Gymnasiallehrer Dr. H. Walser in Bern. Mit 16 Abbildungen und einer Karte. Nr. 398.

— **von Skandinavien** (Schweden, Norwegen und Dänemark) von Heinrich Kerp, Lehrer am Gymnasium und Lehrer der Erdkunde am Comenius-Seminar zu Bonn. Mit 11 Abbildungen und 1 Karte. Nr. 202.

— **der Vereinigten Staaten von Nordamerika** von Prof. Heinrich Fischer, Oberlehrer am Luisenstädtischen Realgymnasium in Berlin. Mit Karten, Figuren im Text und Tafeln. 2 Bändchen. Nr. 381, 382.

— **des Königreichs Württemberg** von Dr. Kurt Hassert, Professor an der Handelshochschule in Köln. Mit 16 Vollbildern und 1 Karte. Nr. 157.

Landes- und Volkskunde Palästinas von Privatdozent Dr. G. Hölscher in Halle a. S. Mit 8 Vollbildern und einer Karte. Nr. 345.

Völkerkunde von Dr. Michael Haberlandt, Privatdozent an der Universität Wien. Mit 56 Abbildungen. Nr. 73.

Kartenkunde, geschichtlich dargestellt von E. Gelcich, Direktor der k. k. Nautischen Schule in Lussinpiccolo und F. Sauter, Professor am Realgymnasium in Ulm, neu bearbeitet von Dr. Paul Dinse, Assistent der Gesellschaft für Erdkunde in Berlin. Mit 70 Abbildungen. Nr. 30.

☛ Weitere Bände sind in Vorbereitung.

Mathematische Bibliothek.

Geschichte der Mathematik von Dr. A. Sturm, Professor am Obergymnasium in Seitenstetten. Nr. 226.

Arithmetik und Algebra von Dr. Hermann Schubert, Prof. an der Gelehrtenschule des Johanneums in Hamburg. Nr. 47.

Beispielsammlung zur Arithmetik und Algebra von Dr. Hermann Schubert, Prof. an der Gelehrtenschule des Johanneums in Hamburg. Nr. 48.

Determinanten von Paul B. Fischer, Oberlehrer an der Oberrealschule zu Groß=Lichterfelde. Nr. 402.

Ebene Geometrie mit 110 zweifarb. Figuren von G. Mahler, Prof. am Gymnasium in Ulm. Nr. 41.

Darstellende Geometrie I mit 110 Figuren von Dr. Rob. Haußner, Prof. an der Universität Jena. Nr. 142.

— — II. Mit 40 Figuren. Nr. 143.

Ebene und sphärische Trigonometrie mit 70 Figuren von Dr. Gerhard Hessenberg, Privatdozent an der Techn. Hochschule Berlin. Nr. 99.

Stereometrie mit 44 Figuren von Dr. R. Glaser in Stuttgart. Nr. 97.

Niedere Analysis mit 6 Fig. von Prof. Dr. Benedikt Sporer in Ehingen. Nr. 53.

Vierstellige Tafeln und Gegentafeln für logarithmisches und trigonometrisches Rechnen in zwei Farben zusammengestellt von Dr. Hermann Schubert, Prof. an der Gelehrtenschule des Johanneums in Hamburg. Nr. 81.

Fünfstellige Logarithmen von Professor Aug. Adler, Direktor der k. k. Staatsoberrealschule in Wien. Nr. 423.

Analytische Geometrie der Ebene mit 57 Figuren von Prof. Dr. M. Simon in Straßburg. Nr. 65.

Aufgabensammlung zur analytischen Geometrie der Ebene mit 32 Fig. von O. Th. Bürklen, Professor am Realgymnasium in Schwäb.=Gmünd. Nr. 256.

Analytische Geometrie des Raumes mit 28 Abbildungen von Professor Dr. M. Simon in Straßburg. Nr. 89.

Aufgabensammlung zur analytischen Geometrie des Raumes mit 8 Fig. von O. Th. Bürklen, Prof. am Realgymnasium in Schwäb.=Gmünd. Nr. 309.

Höhere Analysis I: Differentialrechnung mit 68 Figuren von Dr. Friedrich Junker, Prof. am Karlsgymnasium in Stuttgart. Nr. 87.

— **II: Integralrechnung** mit 89 Figuren von Dr. Friedrich Junker, Prof. am Karlsgymnasium in Stuttgart. Nr. 88.

Repetitorium und Aufgabensammlung zur Differentialrechnung mit 46 Fig. von Dr. Friedr. Junker, Prof. am Karlsgymnasium in Stuttgart. Nr. 146.

Repetitorium und Aufgabensammlung zur Integralrechnung mit 52 Fig. von Dr. Friedr. Junker, Prof. am Karlsgymnasium in Stuttgart. Nr. 147.

Projektive Geometrie in synthetischer Behandlung mit 91 Fig. von Dr. K. Doehlemann, Prof. an der Universität München. Nr. 72.

Mathematische Formelsammlung und Repetitorium der Mathematik, enth. die wichtigsten Formeln und Lehrsätze der Arithmetik, Algebra, algebraischen Analysis, ebenen Geometrie, Stereometrie, ebenen und sphärischen Trigonometrie, math. Geographie, analyt. Geometrie der Ebene und des Raumes, der Differential- und Integralrechnung von O. Th. Bürklen, Prof. am Kgl. Realgymnasium in Schw.=Gmünd. Mit 18 Figuren. Nr. 51.

Versicherungsmathematik von Dr. Alfred Loewy, Prof. an der Universität Freiburg i. Br. Nr. 180.

Ausgleichungsrechnung nach der Methode der kleinsten Quadrate mit 15 Fig. und 2 Tafeln von Wilh. Weitbrecht, Professor der Geodäsie in Stuttgart. Nr. 302.

Vektoranalysis von Dr. Siegfr. Valentiner, Privatdozent für Physik an der Universität Berlin. Mit 11 Figuren. Nr. 354.

Astronomische Geographie mit 52 Figuren von Dr. Siegm. Günther, Prof. an der Techn. Hochschule in München. Nr. 92.

Astrophysik. Die Beschaffenheit der Himmelskörper von Dr. Walter F. Wislicenus, Prof. an der Universität Straßburg. Mit 11 Abbildungen. Nr. 91.

Astronomie. Größe, Bewegung und Entfernung der Himmelskörper von A. F. Möbius, neubearb. von Dr. W. F. Wislicenus, Prof. an der Univ. Straßburg. Mit 36 Abbildungen und 1 Sternkarte. Nr. 11.

Geodäsie mit 66 Abbildungen von Dr. C. Reinhertz, Prof. an der Techn. Hochschule Hannover. Nr. 102.

Nautik. Kurzer Abriß des täglich an Bord von Handelsschiffen angewandten Teils der Schiffahrtskunde mit 56 Abbildungen von Dr. Franz Schulze, Direktor der Navigationsschule zu Lübeck. Nr. 84.

Geometrisches Zeichnen von H. Becker, Architekt und Lehrer an der Baugewerkschule in Magdeburg, neu bearbeitet von Prof. J. Vonderlinn, Direktor der Kgl. Baugewerkschule zu Münster i. W. Mit 290 Figuren und 23 Tafeln im Text. Nr. 58.

☞ Weitere Bände sind in Vorbereitung. Gleichzeitig macht die Verlagshandlung auf die „Sammlung Schubert", eine Sammlung mathematischer Lehrbücher, aufmerksam. Ein vollständiges Verzeichnis dieser Sammlung, sowie ein ausführlicher mathematischer Katalog der G. J. Göschen'schen Verlagshandlung können kostenfrei durch jede Buchhandlung bezogen werden.

Naturwissenschaftliche Bibliothek.

Der menschliche Körper, sein Bau und seine Tätigkeiten, von E. Rebmann, Oberschulrat in Karlsruhe. Mit Gesundheitslehre von Dr. med. H. Seiler. Mit 47 Abbildungen und 1 Tafel. Nr. 18.

Urgeschichte der Menschheit von Dr. Moriz Hoernes, Prof. an der Universität Wien. Mit 53 Abbildungen. Nr. 42.

Völkerkunde von Dr. Michael Haberlandt, k. u. k. Kustos der ethnogr. Sammlung des naturhistor. Hofmuseums u. Privatdozent an der Universität Wien. Mit 51 Abbildungen. Nr. 73.

Tierkunde von Dr. Franz v. Wagner, Prof. an der Universität Graz. Mit 78 Abbildungen. Nr. 60.

Abriß der Biologie der Tiere von Dr. Heinrich Simroth, Professor an der Universität Leipzig. Nr. 131.

Tiergeographie von Dr. Arnold Jacobi, Prof. der Zoologie an der Kgl. Forstakademie zu Tharandt. Mit 2 Karten. Nr. 218.

Das Tierreich. I: Säugetiere, von Oberstudienrat Prof. Dr. Kurt Lampert, Vorsteher des Kgl. Naturalienkabinetts in Stuttgart. Mit 15 Abbild. Nr. 282.

— III: Reptilien und Amphibien. Von Dr. Franz Werner, Privatdozent an der Universität Wien. Mit 48 Abbildungen. Nr. 383.

— IV: Fische, von Dr. Max Rauther, Privatdozent der Zoologie an der Universität Gießen. Mit 37 Abbildungen. Nr. 356.

Entwicklungsgeschichte der Tiere von Prof. Dr. Johs. Meisenheimer, Privatdozent der Zoologie an der Universität Marburg. I: Furchung, Primitivanlagen, Larven, Formbildung, Embryonalhüllen. Mit 48 Fig. Nr. 378.

— II: Organbildung. Mit 46 Figuren. Nr. 379.

Schmarotzer und Schmarotzertum in der Tierwelt. Erste Einführung in die tierische Schmarotzerkunde von Dr. Franz v. Wagner, Professor an der Universität Graz. Mit 67 Abbildungen. Nr. 151.

Geschichte der Zoologie von Dr. Rud. Burckhardt, weil. Direktor der Zoologischen Station des Berliner Aquariums in Rovigno (Istrien). Nr. 357.

Die Pflanze, ihr Bau und ihr Leben von Oberlehrer Dr. E. Dennert. Mit 96 Abbildungen. Nr. 44.

Das Pflanzenreich. Einteilung des gesamten Pflanzenreichs mit den wichtigsten und bekanntesten Arten von Dr. F. Reinecke in Breslau und Dr. W. Migula, Prof. an der Forstakademie Eisenach. Mit 50 Fig. Nr. 122.

Pflanzenbiologie von Dr. W. Migula, Prof. an der Forstakademie Eisenach. Mit 50 Abbildungen. Nr. 127.

Pflanzengeographie von Prof. Dr. Ludwig Diels, Privatdoz. an der Univers. Berlin. Nr. 389.

Morphologie, Anatomie und Physiologie der Pflanzen von Dr. W. Migula, Prof. an der Forstakademie Eisenach. Mit 50 Abbildungen. Nr. 141.

Die Pflanzenwelt der Gewässer von Dr. W. Migula, Prof. an der Forstakademie Eisenach. Mit 50 Abbildungen. Nr. 158.

Exkursionsflora von Deutschland zum Bestimmen der häufigeren in Deutschland wildwachsenden Pflanzen von Dr. W. Migula, Prof. an der Forstakademie Eisenach. 2 Teile. Mit 100 Abbildungen. Nr. 268, 269.

Die Nadelhölzer von Prof. Dr. F. W. Neger in Tharandt. Mit 85 Abbildungen, 5 Tabellen und 3 Karten. Nr. 355.

Nutzpflanzen von Prof. Dr. J. Behrens, Vorst. der Großh. landwirtschaftl. Versuchsanst. Augustenberg. Mit 53 Figuren. Nr. 123.

Das System der Blütenpflanzen mit Ausschluß der Gymnospermen von Dr. R. Pilger, Assistent am Kgl. Botanischen Garten in Berlin-Dahlem. Mit 31 Figuren. Nr. 393.

Pflanzenkrankheiten von Dr. Werner Friedrich Bruck in Gießen. Mit 1 farb. Tafel und 45 Abbildungen. Nr. 310.

Mineralogie von Dr. R. Brauns, Professor an d. Universität Bonn. Mit 130 Abbildungen. Nr. 29.

Geologie in kurzem Auszug für Schulen und zur Selbstbelehrung zusammengestellt von Prof. Dr. Eberh. Fraas in Stuttgart. Mit 16 Abbildungen und 4 Tafeln mit 51 Figuren. Nr. 13.

Paläontologie von Dr. Rud. Hoernes, Professor an der Universität Graz. Mit 87 Abbildungen. Nr. 95.

Petrographie von Dr. W. Bruhns, Professor an der Universität Straßburg i. E. Mit 15 Abbildungen. Nr. 173.

Kristallographie von Dr. W. Bruhns, Prof. an der Universität Straßburg. Mit 190 Abbildungen. Nr. 210.

Geschichte der Physik von A. Kistner, Prof. an der Großh. Realschule zu Sinsheim a. E. I: Die Physik bis Newton. Mit 13 Figuren. Nr. 293.

— II: Die Physik von Newton bis zur Gegenwart. Mit 3 Figuren. Nr. 294.

Theoretische Physik. I. Teil: Mechanik und Akustik. Von Dr. Gustav Jäger, Prof. der Physik an der Technischen Hochschule in Wien. Mit 19 Abb. Nr. 76.

— II. Teil: Licht und Wärme. Von Dr. Gustav Jäger, Prof. der Physik an der Technischen Hochschule in Wien. Mit 47 Abbildungen. Nr. 77.

— III. Teil: Elektrizität und Magnetismus. Von Dr. Gustav Jäger, Prof. der Physik an der Technischen Hochschule in Wien. Mit 33 Abbild. Nr. 78.

— IV. Teil: Elektromagnetische Lichttheorie und Elektronik. Von Dr. Gustav Jäger, Prof. der Physik an der Technischen Hochschule in Wien. Mit 21 Figuren. Nr. 374.

Radioaktivität von Wilh. Frommel. Mit 18 Figuren. Nr. 317.

Physikalische Messungsmethoden von Dr. Wilhelm Bahrdt, Oberlehrer an der Oberrealschule in Groß-Lichterfelde. Mit 49 Figuren. Nr. 301.

Geschichte der Chemie von Dr. Hugo Bauer, Assistent am chem. Laboratorium der Kgl. Technischen Hochschule Stuttgart. I: Von den ältesten Zeiten bis zur Verbrennungstheorie von Lavoisier. Nr. 264.

— II: Von Lavoisier bis zur Gegenwart. Nr. 265.

Anorganische Chemie von Dr. Jos. Klein in Mannheim. Nr. 37.

Metalloide (Anorganische Chemie I. Teil) von Dr. Oskar Schmidt, dipl. Ingenieur, Assistent an der Kgl. Baugewerkschule in Stuttgart. Nr. 211.

Metalle (Anorganische Chemie II. Teil) von Dr. Oskar Schmidt, dipl. Ingenieur, Assistent an der Kgl. Baugewerkschule in Stuttgart. Nr. 212.

Organische Chemie von Dr. Jos. Klein in Mannheim. Nr. 38.

Chemie der Kohlenstoffverbindungen von Dr. Hugo Bauer, Assistent am chem. Laboratorium der Kgl. Techn. Hochschule Stuttgart. I. II: Aliphatische Verbindungen. 2 Teile. Nr. 191, 192.

— III: Karbocyklische Verbindungen. Nr. 193.

— IV: Heterocyklische Verbindungen. Nr. 194.

Analytische Chemie von Dr. Johannes Hoppe. I: Theorie und Gang der Analyse. Nr. 247.

— II: Reaktion der Metalloide und Metalle. Nr. 248.

Maßanalyse von Dr. Otto Röhm in Stuttgart. Mit 14 Fig. Nr. 221.

Technisch-Chemische Analyse von Dr. G. Lunge, Prof. an der Eidgen. Polytechn. Schule in Zürich. Mit 16 Abbildungen. Nr. 195.

Stereochemie von Dr. E. Wedekind, Professor an der Universität Tübingen. Mit 34 Abbildungen. Nr. 201.

Allgemeine und physikalische Chemie von Dr. Max Rudolphi, Professor an der Techn. Hochschule in Darmstadt. Mit 22 Figuren. Nr. 71.

Elektrochemie von Dr. Heinrich Danneel in Friedrichshagen. I. Teil: Theoretische Elektrochemie und ihre physikalisch-chemischen Grundlagen. Mit 18 Figuren. Nr. 252.

— II: Experimentelle Elektrochemie, Meßmethoden, Leitfähigkeit, Lösungen. Mit 26 Figuren. Nr. 253.

Agrikulturchemie. I: Pflanzenernährung von Dr. Karl Grauer. Nr. 329.

Die Explosivstoffe. Einführung in die Chemie der explosiven Vorgänge von Dr. H. Brunswig in Neubabelsberg. Mit 16 Abbildungen. Nr. 333.

Brauereiwesen I: Mälzerei von Dr. Paul Dreverhoff, Direktor der Brauer- und Mälzerschule in Grimma. Mit 16 Abbildungen. Nr. 303.

Das Wasser und seine Verwendung in Industrie und Gewerbe von Dipl.-Ing. Dr. Ernst Leher. Mit 15 Abbildungen. Nr. 261.

Anorganische chemische Industrie von Dr. Gust. Rauter in Charlottenburg. I: Die Leblancsodaindustrie und ihre Nebenzweige. Mit 12 Tafeln. Nr. 205.

— II: Salinenwesen, Kalisalze, Düngerindustrie und Verwandtes. Mit 6 Taf. Nr. 206.

— III: Anorganische Chemische Präparate. Mit 6 Tafeln. Nr. 207.

Metallurgie von Dr. Aug. Geitz. 2 Bde. Mit 21 Fig. Nr. 313, 314.

Die Industrie der Silikate, der künstlichen Bausteine und des Mörtels von Dr. Gustav Rauter. I: Glas- und keramische Industrie. Mit 12 Tafeln. Nr. 233.

— II: Die Industrie der künstlichen Bausteine und des Mörtels. Mit 12 Taf. Nr. 234.

Die Teerfarbstoffe mit besonderer Berücksichtigung der synthetischen Methoden von Dr. Hans Bucherer, Professor a. d. Kgl. Technischen Hochschule Dresden. Nr. 214.

Mechanische Technologie.

Mechanische Technologie von Geh. Hofrat Prof. A. Lüdicke in Braunschweig. Nr. 340, 341.

Textil-Industrie I: Spinnerei und Zwirnerei von Prof. Max Gürtler, Geh. Regierungsrat im Königl. Landesgewerbeamt zu Berlin. Mit 39 Fig. Nr. 184.

— II: Weberei, Wirkerei, Posamentiererei, Spitzen- und Gardinenfabrikation und Filzfabrikation von Prof. Max Gürtler, Geh. Regierungsrat im Königl. Landesgewerbeamt zu Berlin. Mit 27 Figuren. Nr. 185.

— III: Wäscherei, Bleicherei, Färberei und ihre Hilfsstoffe von Dr. Wilh. Massot, Lehrer an der Preuß. höh. Fachschule für Textil-Industrie in Krefeld. Mit 28 Figuren. Nr. 186.

☛ Weitere Bände sind in Vorbereitung.

Bibliothek zu den Ingenieurwissenschaften.

Das Rechnen in der Technik u. seine Hilfsmittel (Rechenschieber, Rechentafeln, Rechenmaschinen usw.) von Ingenieur Joh. Eugen Mayer in Karlsruhe i. B. Mit 30 Abb. Nr. 405.

Materialprüfungswesen. Einführung in die moderne Technik der Materialprüfung von K. Memmler, Diplom-Ingenieur, ständ. Mitarbeiter am Kgl. Materialprüfungsamte zu Groß-Lichterfelde. I: Materialeigenschaften. — Festigkeitsversuche. — Hilfsmittel für Festigkeitsversuche. Mit 58 Figuren. Nr. 311.

— II: Metallprüfung und Prüfung von Hilfsmaterialien des Maschinenbaues. — Baumaterialprüfung. — Papierprüfung. — Schmiermittelprüfung. — Einiges über Metallographie. Mit 31 Figuren. Nr. 312.

Statik. I: Die Grundlehren der Statik starrer Körper von W. Hauber, Diplom-Ingenieur. Mit 82 Figuren. Nr. 178.

— II: Angewandte Statik. Mit 61 Figuren. Nr. 179.

Festigkeitslehre von W. Hauber, Diplom-Ingenieur. Mit 56 Figuren. Nr. 288.

Hydraulik v. W. Hauber, Diplom-Ingenieur in Stuttgart. Mit 44 Fig. Nr. 397.

Geometrisches Zeichnen von H. Becker, Architekt und Lehrer an der Baugewerkschule in Magdeburg, neubearbeitet von Professor J. Vonderlinn in Münster. Mit 290 Figuren und 23 Tafeln im Text. Nr. 58.

Perspektive nebst einem Anhang über Schattenkonstruktion und Parallelperspektive von Architekt Hans Freyberger, Oberlehrer an der Baugewerkschule Köln. Mit 88 Abbildungen. Nr. 57.

Schattenkonstruktionen von Prof. J. Vonderlinn in Münster. Mit 114 Figuren. Nr. 236.

Parallelperspektive. Rechtwinklige und schiefwinklige Axonometrie von Prof. J. Vonderlinn in Münster. Mit 121 Figuren. Nr. 260.

Technisches Wörterbuch von Erich Krebs in Berlin. I. Teil: Deutsch-Englisch. Nr. 395.

— II. Teil: Englisch-Deutsch. Nr. 396.

Elektrotechnik. Einführung in die moderne Gleich- und Wechselstromtechnik von J. Herrmann, Professor an der Königlich Technischen Hochschule Stuttgart. I: Die physikalischen Grundlagen. Mit 47 Figuren. Nr. 196.

— II: Die Gleichstromtechnik. Mit 74 Figuren. Nr. 197.

— III: Die Wechselstromtechnik. Mit 109 Figuren. Nr. 198.

Die Gleichstrommaschine von C. Kinzbrunner, Ingenieur und Dozent für Elektrotechnik an der Municipal School of Technology in Manchester. Mit 78 Figuren. Nr. 257.

Das Fernsprechwesen von Dr. Ludwig Rellstab in Berlin. Mit 47 Figuren und 1 Tafel. Nr. 155.

Die elektrische Telegraphie von Dr. Ludwig Rellstab. Mit 19 Figuren. Nr. 172.

Maurer- u. Steinhauerarbeiten von Dr. phil. u. Dr.-Ing. Eduard Schmitt in Darmstadt. 3 Bändchen. Mit vielen Abbildungen. Nr. 419—421.

Eisenkonstruktionen im Hochbau. Kurzgefaßtes Handbuch mit Beispielen von Ingenieur Karl Schindler in Meißen. Mit 115 Figuren. Nr. 322.

Der Eisenbetonbau von Reg.-Baumeister Karl Rößle in Berlin-Steglitz. Mit 77 Abbildungen. Nr. 349.

Heizung und Lüftung von Ingenieur Johannes Körting, Direktor der Akt.-Ges. Gebrüder Körting in Düsseldorf. I: Das Wesen und die Berechnung der Heizungs- und Lüftungsanlagen. Mit 34 Figuren. Nr. 342.

— II: Die Ausführung der Heizungs- und Lüftungsanlagen. Mit 191 Figuren. Nr. 343.

Gas- und Wasserinstallationen mit Einschluß der Abortanlagen von Dr. phil. u. Dr.-Ing. Eduard Schmitt in Darmstadt. Mit 119 Abbild. Nr. 412.

Das Veranschlagen im Hochbau. Kurzgefaßtes Handbuch über das Wesen des Kostenanschlages von Emil Beutinger, Architekt B.D.A., Assistent an der Technischen Hochschule in Darmstadt. Mit vielen Figuren. Nr. 385.

Bauführung. Kurzgefaßtes Handbuch über das Wesen der Bauführung von Architekt Emil Beutinger, Assistent an der Technischen Hochschule in Darmstadt. Mit 25 Figuren und 11 Tabellen. Nr. 399.

Öffentliche Bade- und Schwimmanstalten Dr. Karl Wolff, Stadt-Oberbaurat in Hannover. Mit 50 Fig. Nr. 380.

Die Maschinenelemente. Kurzgefaßtes Lehrbuch mit Beispielen für das Selbststudium und den praktischen Gebrauch von Friedrich Barth, Oberingenieur in Nürnberg. Mit 86 Figuren. Nr. 3.

Eisenhüttenkunde von A. Krauß, diplomierter Hütteningenieur. **I:** Das Roheisen. Mit 17 Figuren und 4 Tafeln. Nr. 152.

— **II:** Das Schmiedeisen. Mit 25 Figuren und 5 Tafeln. Nr. 153.

Technische Wärmelehre (Thermodynamik) von K. Walther und M. Röttinger, Diplom-Ingenieuren. Mit 54 Figuren. Nr. 242.

Die Dampfmaschine. Kurzgefaßtes Lehrbuch mit Beispielen für das Selbststudium und den praktischen Gebrauch von Friedrich Barth, Oberingenieur in Nürnberg. Mit 48 Figuren. Nr. 8.

Die Dampfkessel. Kurzgefaßtes Lehrbuch mit Beispielen für das Selbststudium und den praktischen Gebrauch von Friedrich Barth, Oberingenieur in Nürnberg. Mit 67 Figuren. Nr. 9.

Die Gaskraftmaschinen. Kurzgefaßte Darstellung der wichtigsten Gasmaschinen-Bauarten v. Ingenieur Alfred Kirschke in Halle a. S. Mit 55 Figuren. Nr. 316.

Die Dampfturbinen, ihre Wirkungsweise und Konstruktion von Ingenieur Hermann Wilda, Professor am staatl. Technikum in Bremen. Mit 104 Abbildungen. Nr. 274.

Die zweckmäßigste Betriebskraft von Friedrich Barth, Oberingenieur in Nürnberg. **I:** Die mit Dampf betriebenen Motoren nebst 22 Tabellen über ihre Anschaffungs- und Betriebskosten. Mit 14 Abbildungen. Nr. 224.

— **II:** Verschiedene Motoren nebst 22 Tabellen über ihre Anschaffungs- und Betriebskosten. Mit 29 Abbildungen. Nr. 225.

Die Hebezeuge, ihre Konstruktion und Berechnung von Ingenieur Hermann Wilda, Prof. am staatl. Technikum in Bremen. Mit 399 Abbildungen. Nr. 414.

Pumpen, hydraulische und pneumatische Anlagen. Ein kurzer Überblick von Regierungsbaumeister Rudolf Vogdt, Oberlehrer an der Königl. höheren Maschinenbauschule in Posen. Mit 59 Abbildungen. Nr. 290.

Die landwirtschaftlichen Maschinen von Karl Walther, Diplom-Ingenieur in Mannheim. 3 Bändchen. Mit vielen Abbildungen. Nr. 407—409.

Nautik. Kurzer Abriß des täglich an Bord von Handelsschiffen angewandten Teils der Schiffahrtskunde. Von Dr. Franz Schulze, Direktor der Navigationsschule zu Lübeck. Mit 56 Abbildungen. Nr. 84.

☛ Weitere Bände sind in Vorbereitung.

Bibliothek zu den Rechts- u. Staatswissenschaften.

Allgemeine Rechtslehre von Dr. Th. Sternberg, Privatdozent an der Univers. Lausanne. **I:** Die Methode. Nr. 169.

— **II:** Das System. Nr. 170.

Recht des Bürgerlichen Gesetzbuches. Zweites Buch: Schuldrecht. I. Abteilung: Allgemeine Lehren von Dr. Paul Oertmann, Professor an der Universität Erlangen. Nr. 323.

— — II. Abteilung: Die einzelnen Schuldverhältnisse von Dr. Paul Oertmann, Professor an der Universität Erlangen. Nr. 324.

Recht des Bürgerlichen Gesetzbuches. Viertes Buch: Familienrecht von Dr. Heinrich Titze, Professor an der Univ. Göttingen. Nr. 305.

Das deutsche Seerecht von Dr. Otto Brandis, Oberlandesgerichtsrat in Hamburg. 2 Bände. Nr. 386, 387.

Postrecht von Dr. Alfred Wolcke, Postinspektor in Bonn. Nr. 425.

Allgemeine Staatslehre von Dr. Hermann Rehm, Prof. an der Universität Straßburg i. E. Nr. 358.

Allgemeines Staatsrecht von Dr. Julius Hatschek, Prof. der Rechte an der Kgl. Akademie in Posen. 3 Bändchen. Nr. 415—417.

Preußisches Staatsrecht von Dr. Fritz Stier-Somlo, Prof. an der Univers. Bonn. 2 Teile. Nr. 298, 299.

Kirchenrecht von Dr. Emil Sehling, ord. Prof. der Rechte in Erlangen. Nr. 377.

Das deutsche Urheberrecht an literarischen, künstlerischen und gewerblichen Schöpfungen, mit besonderer Berücksichtigung der internationalen Verträge von Dr. Gustav Rauter, Patentanwalt in Charlottenburg. Nr. 263.

Der internationale gewerbliche Rechtsschutz von J. Neuberg, Kaiserl. Regierungsrat, Mitglied des Kaiserl. Patentamts zu Berlin. Nr. 271.

Das Urheberrecht an Werken der Literatur und der Tonkunst, das Verlagsrecht und das Urheberrecht an Werken der bildenden Künste und der Photographie von Staatsanwalt Dr. J. Schlittgen in Chemnitz. Nr. 361.

Das Warenzeichenrecht. Nach dem Gesetz zum Schutz der Warenbezeichnungen vom 12. Mai 1894 von J. Neuberg, Kaiserl. Regierungsrat, Mitglied des Kaiserl. Patentamtes zu Berlin. Nr. 360.

Der unlautere Wettbewerb von Rechtsanwalt Dr. Martin Wassermann in Hamburg. Nr. 339.

Deutsches Kolonialrecht von Dr. H. Edler v. Hoffmann, Privatdozent an der Universität Göttingen. Nr. 318.

Militärstrafrecht von Dr. Max Ernst Mayer, Prof. an der Universität Straßburg i. E. 2 Bände. Nr. 371, 372.

Deutsche Wehrverfassung von Kriegsgerichtsrat Carl Endres in Würzburg. Nr. 401.

Forensische Psychiatrie von Prof. Dr. W. Weygandt in Würzburg. 2 Bändchen. Nr. 410 u. 411.

☛ Weitere Bände sind in Vorbereitung.

Volkswirtschaftliche Bibliothek.

Volkswirtschaftslehre von Dr. Carl Johs. Fuchs, Professor an der Universität Freiburg i. Br. Nr. 133.

Volkswirtschaftspolitik von Präsident Dr. R. van der Borght in Berlin. Nr. 177.

Gewerbewesen von Dr. Werner Sombart, Professor an der Handelshochschule Berlin. 2 Bände. Nr. 203, 204.

Das Genossenschaftswesen in Deutschland. Von Dr. Otto Lindecke, Sekretär des Hauptverbandes deutscher gewerblicher Genossenschaften. Nr. 384.

Das Handelswesen von Dr. Wilh. Lexis, Professor an der Universität Göttingen. I: Das Handelspersonal und der Warenhandel. Nr. 296.

Das Handelswesen von Dr. Wilh. Lexis, Professor an der Universität Göttingen. II. Die Effektenbörse und die innere Handelspolitik. Nr. 297.
Auswärtige Handelspolitik von Dr. Heinrich Sieveking, Professor an der Universität Marburg. Nr. 245.
Das Versicherungswesen von Dr. jur. Paul Moldenhauer, Dozent der Versicherungswissenschaft an der Handelshochschule Köln. Nr. 262.
Die gewerbliche Arbeiterfrage von Dr. Werner Sombart, Professor an der Handelshochschule Berlin. Nr. 209.
Die Arbeiterversicherung von Professor Dr. Alfred Manes in Berlin. Nr. 267.
Finanzwissenschaft von Präsident Dr. R. van der Borght in Berlin. I. Allgemeiner Teil. Nr. 148.
— II. Besonderer Teil (Steuerlehre). Nr. 391.
Soziologie von Prof. Dr. Thomas Achelis in Bremen. Nr. 101.
Die Entwicklung der sozialen Frage von Professor Dr. Ferd. Tönnies in Eutin. Nr. 353.
Armenwesen und Armenfürsorge. Einführung in die soziale Hilfsarbeit von Dr. Adolf Weber, Dozent an der Universität in Bonn. Nr. 346.

☛ Weitere Bände sind in Vorbereitung.

Theologische und religionswissenschaftliche Bibliothek.

Die Entstehung des Alten Testaments von Lic. Dr. W. Staerk in Jena. Nr. 272.
Alttestamentliche Religionsgeschichte von D. Dr. Max Löhr, Professor an der Universität Breslau. Nr. 292.
Geschichte Israels bis auf die griechische Zeit von Lic. Dr. J. Benzinger. Nr. 231.
Landes- u. Volkskunde Palästinas von Lic. Dr. Gustav Hölscher in Halle. Mit 8 Vollbildern und 1 Karte. Nr. 345.
Die Entstehung d. Neuen Testaments v. Prf. Lic. Dr. Carl Clemen in Bonn. Nr. 285.
Die Entwicklung der christlichen Religion innerhalb des Neuen Testaments von Prof. Lic. Dr. Carl Clemen in Bonn. Nr. 388.
Neutestamentliche Zeitgeschichte von Lic. Dr. W. Staerk in Jena. I: Der historische u. kulturgeschichtliche Hintergrund des Urchristentums. Nr. 325.
— II: Die Religion des Judentums im Zeitalter des Hellenismus und der Römerherrschaft. Nr. 326.
Abriß der vergleichenden Religionswissenschaft von Prof. Dr. Th. Achelis in Bremen. Nr. 208.
Indische Religionsgeschichte von Prof. Dr. Edmund Hardy. Nr. 83.
Buddha von Professor Dr. Edmund Hardy. Nr. 174.
Griechische und römische Mythologie von Dr. Hermann Steuding, Professor am Kgl. Gymnasium in Wurzen. Nr. 27.
Germanische Mythologie von Dr. E. Mogk, Prof. an der Univ. Leipzig. Nr. 15.
Die deutsche Heldensage von Dr. Otto Luitpold Jiriczek, Professor an der Universität Münster. Nr. 32.

☛ Weitere Bände sind in Vorbereitung.

Musikalische Formenlehre (Kompositionslehre) von Stephan Krehl. I. II. Mit vielen Notenbeispielen. Nr. 149, 150.

Kontrapunkt. Die Lehre von der selbständigen Stimmführung von Stephan Krehl in Leipzig. Nr. 390.

Musikästhetik von Dr. K. Grunsky in Stuttgart. Nr. 344.

Geschichte der alten und mittelalterlichen Musik von Dr. A. Möhler. Mit zahlreichen Abbildungen und Musikbeilagen. I. II. Nr. 121, 347.

Musikgeschichte des 17. u. 18. Jahrhunderts v. Dr. K. Grunsky i. Stuttgart. Nr. 239.

— **seit Beginn des 19. Jahrhunderts** von Dr. K. Grunsky in Stuttgart. I. II. Nr. 164, 165.

☛ Weitere Bände sind in Vorbereitung.

Bibliothek zur Land- und Forstwirtschaft.

Ackerbau- und Pflanzenbaulehre von Dr. Paul Rippert in Berlin und Ernst Langenbeck in Bochum. Nr. 232.

Landwirtschaftliche Betriebslehre von Ernst Langenbeck in Bochum. Nr. 227.

Allgemeine und spezielle Tierzuchtlehre von Dr. Paul Rippert in Berlin. Nr. 228.

Agrikulturchemie I: Pflanzenernährung von Dr. Karl Grauer. Nr. 329.

Das agrikulturchemische Kontrollwesen v. Dr. Paul Krische in Göttingen. Nr. 304.

Fischerei und Fischzucht von Dr. Karl Eckstein, Prof. an der Forstakademie Eberswalde, Abteilungsdirigent bei der Hauptstation des forstlichen Versuchswesens. Nr. 159.

Forstwissenschaft von Dr. Ad. Schwappach, Prof. an der Forstakadem. Eberswalde, Abteilungsdirigent bei der Hauptstation d. forstlichen Versuchswesens. Nr. 106.

☛ Weitere Bände sind in Vorbereitung.

Handelswissenschaftliche Bibliothek.

Buchführung in einfachen und doppelten Posten von Robert Stern, Oberlehrer der Öffentlichen Handelslehranstalt und Dozent der Handelshochschule zu Leipzig. Mit Formularen. Nr. 115.

Deutsche Handelskorrespondenz von Prof. Th. de Beaux, Officier de l'Instruction Publique, Oberlehrer a. D. an der Öffentlichen Handelslehranstalt und Lektor an der Handelshochschule zu Leipzig. Nr. 182.

Französische Handelskorrespondenz von Professor Th. de Beaux, Officier de l'Instruction Publique, Oberlehrer a. D. an der Öffentlichen Handelslehranstalt und Lektor an der Handelshochschule zu Leipzig. Nr. 183.

Englische Handelskorrespondenz von E. E. Whitfield, M.-A., Oberlehrer am King Edward VII Grammar School in Kings Lynn. Nr. 237.

Italienische Handelskorrespondenz von Professor Alberto de Beaux, Oberlehrer am Königlichen Institut SS. Annunziata zu Florenz. Nr. 219.

Spanische Handelskorrespondenz v. Dr. Alfredo Nadal de Mariezcurrena. Nr. 295.

Russische Handelskorrespondenz von Dr. Th. v. Kawraysky in Leipzig. Nr. 315.

Kaufmännisches Rechnen von Prof. Richard Just, Oberlehrer an d. Öffentlichen Handelslehranstalt der Dresdener Kaufmannschaft. 3 Bde. Nr. 139, 140, 187.

Warenkunde von Dr. Karl Hassack, Professor an der Wiener Handelsakademie. I: Unorganische Waren. Mit 40 Abbildungen. Nr. 222.

— II: Organische Waren. Mit 36 Abbildungen. Nr. 223.

Drogenkunde von Rich. Dorstewitz in Leipzig und Georg Ottersbach in Hamburg. Nr. 413.

Maß-, Münz- und Gewichtswesen von Dr. Aug. Blind, Professor an der Handelsschule in Köln. Nr. 283.

Das Wechselwesen von Rechtsanwalt Dr. Rudolf Mothes in Leipzig. Nr. 103.

☛ Weitere Bände sind in Vorbereitung. Siehe auch „Volkswirtschaftliche Bibliothek“. Ein ausführliches Verzeichnis der außerdem im Verlage der G. J. Göschen'schen Verlagshandlung erschienenen handelswissenschaftlichen Werke kann durch jede Buchhandlung kostenfrei bezogen werden.

Militärwissenschaftliche Bibliothek.

Das moderne Feldgeschütz. I: Die Entwicklung des Feldgeschützes seit Einführung des gezogenen Infanteriegewehrs bis einschließlich der Erfindung des rauchlosen Pulvers, etwa 1850—1890, v. Oberstleutnant W. Heydenreich, Militärlehrer an der Militärtechn. Akademie in Berlin. Mit 1 Abbild. Nr. 306.

— II: Die Entwicklung des heutigen Feldgeschützes auf Grund der Erfindung des rauchlosen Pulvers, etwa 1890 bis zur Gegenwart, von Oberstleutnant W. Heydenreich, Militärlehrer an der Militärtechn. Akademie in Berlin. Mit 11 Abbildungen. Nr. 307.

Die modernen Geschütze der Fußartillerie. I: Vom Auftreten der gezogenen Geschütze bis zur Verwendung des rauchschwachen Pulvers 1850—1890 von Mummenhoff, Major beim Stabe des Fußartillerie-Regiments, Generalfeldzeugmeister (Brandenburgisches Nr. 3). Mit 50 Textbildern. Nr. 334.

— II: Die Entwicklung der heutigen Geschütze der Fußartillerie seit Einführung des rauchschwachen Pulvers 1890 bis zur Gegenwart. Mit 33 Textbildern. Nr. 362.

Die Entwicklung der Handfeuerwaffen seit der Mitte des 19. Jahrhunderts und ihr heutiger Stand von G. Wrzodek, Oberleutnant im Inf.-Regt. Freiherr Hiller von Gärtringen (4. Posensches) Nr. 59 und Assistent der Königl. Gewehrprüfungskommission. Mit 21 Abbildungen. Nr. 366.

Militärstrafrecht von Dr. Max Ernst Mayer, Prof. an der Universität Straßburg i. E. 2 Bände. Nr. 371, 372.

Deutsche Wehrverfassung von Karl Endres, Kriegsgerichtsrat bei dem Generalkommando des Kgl. bayr. II. Armeekorps in Würzburg. Nr. 401.

Die Seemacht in der deutschen Geschichte von Wirkl. Admiralitätsrat Dr. Ernst von Halle, Prof. an der Universität Berlin. Nr. 370.

Verschiedenes.

Bibliotheks- und Zeitungswesen.

Volksbibliotheken (Bücher- und Lesehallen), ihre Einrichtung und Verwaltung von Emil Jaeschke, Stadtbibliothekar in Elberfeld. Nr. 332.

Das deutsche Zeitungswesen v. Dr. Robert Brunhuber in Köln a. Rh. Nr. 400.

Das moderne Zeitungswesen (System der Zeitungslehre) von Dr. Robert Brunhuber in Köln a. Rh. Nr. 320.

Allgemeine Geschichte des Zeitungswesens von Dr. Ludwig Salomon in Jena. Nr. 351.

Hygiene und Pharmazie.

Die Infektionskrankheiten und ihre Verhütung von Stabsarzt Dr. W. Hoffmann in Berlin. Mit 12 vom Verfasser gezeichneten Abbildungen und einer Fiebertafel. Nr. 327.

Tropenhygiene von Med.-Rat Prof. Dr. Nocht, Direktor des Institutes für Schiffs- u. Tropenkrankheiten in Hamburg. Nr. 369.

Die Hygiene des Städtebaus von H. Chr. Nußbaum, Prof. an der Techn. Hochschule in Hannover. Mit 30 Abbildungen. Nr. 348.

Die Hygiene des Wohnungswesens von H. Chr. Nußbaum, Prof. an der Techn. Hochschule in Hannover. Mit 20 Abbildungen. Nr. 363.

Gewerbehygiene von Geh. Medizinalrat Dr. Roth in Potsdam. Nr. 350.

Pharmakognosie. Von Apotheker F. Schmitthenner, Assistent am Botan. Institut der Technischen Hochschule Karlsruhe. Nr. 251.

Drogenkunde von Rich. Dorstewitz in Leipzig u. Georg Ottersbach in Hamburg. Nr. 413.

Photographie.

Die Photographie. Von H. Keßler, Prof. an der k. k. Graphischen Lehr- und Versuchsanstalt in Wien. Mit 4 Taf. und 52 Abbild. Nr. 94.

Stenographie.

Stenographie nach dem System von F. X. Gabelsberger von Dr. Albert Schramm, Mitglied des Kgl. Stenogr. Instituts Dresden. Nr. 246.

Die Redeschrift des Gabelsbergerschen Systems von Dr. Albert Schramm, Landesamtsassessor in Dresden. Nr. 368.

Lehrbuch der Vereinfachten Deutschen Stenographie (Einig.-System Stolze-Schrey) nebst Schlüssel, Lesestücken u. einem Anhang von Dr. Amsel, Oberlehrer des Kadettenhauses Oranienstein. Nr. 86.

☞ **Weitere Bände dieser einzelnen Abteilungen sind in Vorbereitung.**

Kolibri 360 GmbH
Ferdinand-Jühlke-Straße 7
99095 Erfurt, Deutschland
produktsicherheit@kolibri360.de